基层农技人员培训重点图书

U0271891

# 蛋鸡、肉鸡养殖及疫病防控实用技术

魏荣贵　云　鹏　潘卫凤　主编

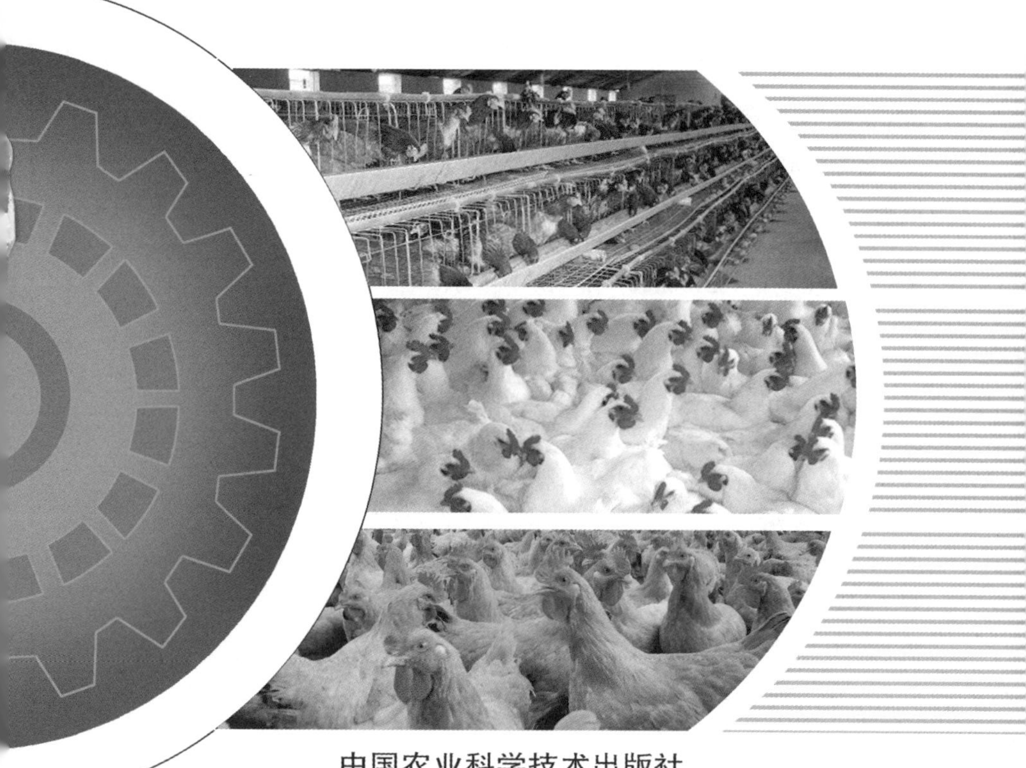

中国农业科学技术出版社

**图书在版编目（CIP）数据**

蛋鸡、肉鸡养殖及疫病防控实用技术 / 魏荣贵，云鹏，潘卫凤主编 .—北京：中国农业科学技术出版社，2015.12

ISBN 978-7-5116-2079-8

Ⅰ.①蛋… Ⅱ.①魏…②云…③潘… Ⅲ.①卵用鸡—饲养管理②卵用鸡—鸡病—防治③肉鸡—饲养管理④肉鸡—鸡病—防治 Ⅳ.①S831.4 ②S858.31

中国版本图书馆 CIP 数据核字（2015）第 085307 号

**责任编辑** 李 雪 朱 绯

**责任校对** 贾晓红

**出版发行** 中国农业科学技术出版社

北京市中关村南大街 12 号 邮编：100081

**电　　话** （010）82106626 82109707（编辑室）

（010）82109702（发行部） 82109709（读者服务部）

**传　　真** （010）82109707

**网　　址** http://www.castp.cn

**印　　刷** 北京科信印刷有限公司

**开　　本** 880 mm×1 230 mm 1/32

**印　　张** 8.75

**字　　数** 252 千字

**版　　次** 2015 年 12 月第 1 版 2016 年 6 月第 2 次印刷

**定　　价** 28.00 元

**版权所有・翻印必究**

# 《蛋鸡、肉鸡养殖及疫病防控实用技术》

## 编 写 人 员


**主　　编：** 魏荣贵　云　鹏　潘卫凤

**副 主 编：** 杨秀环　袁建敏　王宏卫

陈　余　贾亚雄

**编写人员：**（按拼音排序）

陈少康　程柏丛　邓柏林　李　爽

李复煌　李孟洲　李志衍　刘　康

刘　鑫　吕学泽　梅　婧　史文清

唐韶青　王　梁　王秋菊　王玉田

薛振华　张建伟　朱法江　朱晓静

# 目录
CONTENTS

## 第三篇 鸡病防控技术

### 第一章 鸡主要传染病

# 第一篇

# 蛋鸡饲养管理技术

# 第一章 蛋鸡品种

目前，蛋鸡的育种仿照玉米自交系双杂交的模式建立四系繁育体系，育种公司建立纯系，进行选育和繁育；祖代场饲养祖代种鸡，生产父母代种鸡销售；父母代种鸡场饲养父母代种鸡，生产商品代蛋鸡销售。一般蛋鸡饲养场或称商品代蛋鸡饲养场（户）饲养商品代蛋鸡，生产鸡蛋用于食用，又称食品蛋生产。

国内外蛋鸡品种很多，蛋鸡按蛋壳颜色分为褐壳（俗称红壳）蛋鸡系列（蛋壳颜色为褐色）、白壳蛋鸡系列（蛋壳颜色为白色）、粉壳蛋鸡系列（蛋壳颜色为粉色）。

## 第一节 产蛋性能衡量指标

### 一、产蛋性能衡量指标

无论褐壳蛋鸡、白壳蛋鸡，还是粉壳蛋鸡，通常用下列指标衡量其性能。

耗料量（kg）：一段时间内平均每只鸡采食饲料的量（鸡群饲料消耗总量 / 鸡数）；如育成期耗料量指每只鸡从出壳到育成结束采食饲料的总量，产蛋期耗料量从产蛋开始到产蛋结束。耗料量可以用来反映饲养成本或生产成本。

日均采食量（g）：一段时间内平均每只鸡每天采食饲料的量（耗料量 / 天数）。反映鸡体重大小，饲料能量水平高低、温度高低和鸡群状况。通常各蛋鸡品种在生长、产蛋期间均表现为一定的采食量。如果饲料能量水平、鸡舍温度变化时，采食量则发生变化。通常饲料能量水平低，采食量大；鸡舍温度低（如冬季）采食量大；夏季鸡舍温度高于 30℃，采食量下降。鸡群发病时，采食量常常迅速下降。因而，认真记录鸡群每天的喂料量，根据鸡数计算日均采食量，可以根据采食量是否有剧烈的变化判断鸡群的健康状况。

开产：产蛋率达到 5% 称为开产。反映性成熟时间的早晚，对于标准品种而言，开产越早，产蛋数越多，但蛋重易偏小；开产晚，产蛋数少，蛋重大。

平均蛋重（g）：每枚鸡蛋的平均重量（鸡蛋的重量 / 鸡蛋数）；反映鸡蛋的大小。一般而言，平均蛋重大，鸡蛋个头大，总的产蛋量也多。

产蛋数（枚或个）：单只鸡一段时间内所产鸡蛋累积数量；反映蛋鸡的产蛋持续性能，产蛋数越多，品种性能越好。

日产蛋率（%）：每天所产鸡蛋数量 / 存栏鸡数 ×100；反映某一时间点产蛋性能。

产蛋量（kg）：入舍鸡产蛋数 × 平均蛋重。

成活率（%）：期末存栏数 / 起初存栏数 ×100；反映鸡群健康状况好坏或养殖水平高低。

料蛋比：一段内时间耗料量（kg）/ 产蛋量（kg）。反映蛋鸡的投入和产出比。料蛋比越低，产蛋性能越好，越经济；否则，产蛋性能差，不经济。

## 二、鸡蛋品质衡量指标

蛋壳强度：指鸡蛋壳的抗破损程度，数值越大，俗话说蛋壳越硬，越不容易破损。

蛋壳颜色：指蛋壳颜色深浅程度；通常蛋壳颜色越深、越一致越受人喜爱。

蛋白哈弗单位：指鸡蛋白的黏稠程度，反映鸡蛋内部品质，与鸡蛋蛋白的高度和新鲜度有关，通常数值越大，蛋白高度越高，浓蛋白越多，品质越好；否则，哈弗单位越低说明蛋白很稀，或存放时间越长。

蛋黄颜色：蛋黄颜色越深，品质越好，但蛋黄颜色主要受饲料中叶黄素含量的影响，叶黄素含量越多，蛋黄颜色越深，否则，越浅。

# 第二节 蛋鸡品种介绍

## 一、褐壳蛋鸡品种

目前，我国引进或国内培育的褐壳蛋鸡品种主要包括：海兰褐、罗曼褐、伊莎褐、海塞克斯褐、尼克红、宝万斯褐、迪卡褐、新杨褐、京红等。

### 1. 海兰褐

海兰褐壳蛋鸡是美国海兰国际公司培育的四系配套优良蛋鸡品种，蛋壳颜色为褐色。商品代成年鸡毛色为褐色，见图 1–1。

商品代生产性能：

育雏育成期：1 ～ 17 周龄成活率 97%，体重 1 400 g，每只鸡耗料量 5.62 kg。

产蛋期：达到50%产蛋率日龄142天，高峰产蛋率94%～96%；26周龄平均蛋重58.5 g，32周龄61.6 g，70周龄64.4 g。入舍鸡产蛋数至60周龄245～253枚，至80周龄348～358枚（21.7 kg）；平均日采食量107 g，料蛋比20～60周龄2.02，20～80周龄2.07；成活率至60周龄97%，至80周龄94%；70周龄体重1.98 kg，哈弗单位81（生产性能数据和图片引自Hy-line variety Brown Commercial Management Guide 2009—2011）。

图1-1 海兰褐壳蛋鸡

2. 罗曼褐

罗曼褐壳蛋鸡是德国罗曼公司培育的四系配套优良蛋鸡品种，见图1-2。

商品代生产性能：

育雏育成期：1～18周龄成活率97%～98%，20周龄体重1.6～1.7 kg，1～20周耗料7.4～7.8 kg。

产蛋期：达到50%产蛋率日龄140～150天，高峰产蛋率92%～94%，入舍母鸡12个月产蛋315～320枚，平均蛋重63.5～64.5 g，产蛋量20.0～20.5 kg；产蛋期采食量110～120 g / 天，料蛋比2.0～2.1；产蛋期成活率94%～96%，淘汰体重1.9～2.1 kg（生产性能数据和图片引自Lohmmann Brown Classic Layer Management Guide）。

图1-2 罗曼褐壳蛋鸡

3. 伊莎褐

伊莎褐由法国伊莎公司培育，目前隶属荷兰汉德克动物育种集团公司，见图1-3。

商品代生产性能：

育雏育成期：18 周龄体重 1.5 ～ 1.6 kg，耗料 6.6 kg。

产蛋期：成活率 94%，达到 50% 产蛋率日龄 144 天，高峰产蛋率 96%，18 ～ 90 周龄入舍母鸡产蛋数为 409 枚，入舍母鸡产蛋重 25.7 kg，平均蛋重 62.9 g，日平均耗料 111 g。

图 1–3　伊莎褐壳蛋鸡

饲料利用率 2.15 ∶ 1。淘汰体重 2.15 kg，蛋壳强度 4 000 g，蛋壳颜色 32.0，蛋白哈弗单位 82（生产性能数据和图片引自 ISA Brown Commercial Layer General Management Guide）。

### 4. 海塞克斯

海塞克斯褐壳蛋鸡是荷兰尤利公司培育的优良蛋鸡品种（图 1–4），目前隶属荷兰汉德克动物育种集团公司。

商品代生产性能：

1 ～ 17 周龄成活率 97%，体重 1 410 g，只鸡耗料量 5.7 kg。

产蛋期：成活率 94%，达到 50% 产蛋率日龄 143 天，高峰产蛋率 96%，18 ～ 90 周龄入舍母鸡产蛋数为 408 枚，入舍母鸡产蛋重 25.6 kg，平均蛋重 62.7 g，日平均耗料 112 g，饲料利用率 2.15 ∶ 1。淘汰体重 2.015 kg，蛋壳强度 4 050 g，蛋壳颜色 30.0，蛋白哈弗单位 83（生产性能数据和图片引自 Hisex Brown Commercial Layer Founders of Future Generations）。

图 1–4　海塞克斯褐壳蛋鸡

### 5. 尼克红

由美国尼克国际公司经多年精心培育而成配套蛋鸡品种，见图 1–5。

商品代生产性能：

1 ～ 18 周龄成活率 96% ～ 98%，体重 1 480 g，只鸡耗料量 6.46 kg。

产蛋期：达到 50% 产蛋率日龄 142 ～ 152 天，高峰产蛋率 96%，18 ～ 60 周龄入舍母鸡产蛋数为 250 ～ 255 枚，18 ～ 80 周龄入舍母鸡产蛋数为 350 ～ 360 枚；90% 产蛋率维持 24 ～ 28 周，80% 以上产蛋率维持 42 ～ 46 周；入舍母鸡产蛋重 25.6 kg，平均蛋重 62.7 g，日平均耗料 105 ～ 115 g，料蛋比（2.0 ～ 2.2）∶1。80 周龄淘汰体重 2.050 kg。18 ～ 80 周龄成活率 93% ～ 96%，蛋壳颜色为深红（生产性能数据和图片引自 H&N Brown Nick Management Guide）。

图 1–5　尼克红褐壳蛋鸡

#### 6. 宝万斯

由荷兰尤利公司培育的优良蛋鸡品种（图 1–6），目前，隶属荷兰汉德克动物育种集团公司。

商品代生产性能：

0 ～ 18 周龄成活率 96% ～ 98%，体重 1 480 g，只鸡耗料量 6.3 kg。

产蛋期：达到 50% 产蛋率日龄 144 天，高峰产蛋率 96%，18 ～ 90 周龄入舍母鸡产蛋数为 408 枚；入舍母鸡产蛋重 26.0 kg，平均蛋重 63.8 g，日平均耗料 114 g，料蛋比 2.19∶1。90 周龄淘汰体重 2.015 kg，18 ～ 90 周龄存活率 95%，蛋壳强度 3 950 g，蛋壳颜色 31.0，蛋白哈弗单位 81（生产性能数据和图片引自 Bovans Brown Commercial Layer Management Guide）。

图 1–6　宝万斯褐壳蛋鸡

#### 7. 迪卡

由美国迪卡公司培育（图 1–7），目前，隶属荷兰汉德克动物育种集团公司。

图 1-7　迪卡褐壳蛋鸡

商品代生产性能：

18 周龄体重 1 500 ～ 1 600 g，只鸡耗料量 6.6 kg。

产蛋期：达到 50% 产蛋率日龄 143 天，高峰产蛋率 96%，18 ～ 90 周龄入舍母鸡产蛋数为 404 枚；入舍母鸡产蛋重 25.3 kg，平均蛋重 62.7 g，日平均耗料 112 g，料蛋比 2.20 : 1。90 周龄淘汰体重 2.015 kg，18 ～ 90 周龄存活率 94%，蛋壳强度 4 050 g，蛋壳颜色 30.5，蛋白哈弗单位 83（生产性能数据和图片引自 Dekalb Brown Commercial Layer Management Guide）。

**8. 新杨褐壳蛋鸡**

新杨褐壳蛋鸡配套系（伊莉莎）是上海新杨家畜育种中心等三个单位联合培育的褐壳蛋鸡品种（图 1-8）。

图 1-8　伊莉莎褐壳蛋鸡

商品代蛋鸡体躯较长，呈长而方的砖形，红羽，但部分尾羽为白色，黄皮肤，单冠，褐壳蛋。

商品代生产性能：

1 ～ 20 周龄成活率 96% ～ 98%，20 周龄体重 1 500 ～ 1 600 g，入舍鸡耗料 7.8 ～ 8.0 kg。

产蛋期（21 ～ 72 周）成活率 93% ～ 97%，达到 50% 产蛋率日龄 154 ～ 161 天，高峰产蛋率 90% ～ 94%，72 周龄入舍母鸡产蛋数为 287 ～ 296 枚，72 周龄入舍母鸡产蛋重 18.0 ～ 19.0 kg，平均蛋重 63.5 g，日平均耗料 115 ～ 120 g，饲料利用率 2.25% ～ 2.4%（生产性能数据和图片引自新杨褐壳蛋鸡饲养管理手册）。

### 9. 京红1号

由北京市华都峪口禽业有限责任公司培育的优良蛋鸡品种。

育雏、育成成活率98%以上。

产蛋期：达到50%产蛋率日龄142天；90%以上产蛋率维持8个月以上。产蛋鸡成活率97%以上；高峰期料蛋比（2.0～2.1）∶1（引自http://www.hdyk.com.cn）。

## 二、白壳蛋鸡品种

目前，国际上白壳蛋鸡品种主要包括海兰W-36、海兰W-98、罗曼白等。白壳蛋鸡在美国饲养比较普遍，我国主要采用白壳蛋鸡母系与褐壳蛋鸡父系进行杂交生产粉壳蛋鸡，少数地区也有饲养白壳蛋鸡生产白壳鸡蛋的习惯，部分家禽场用于生产鸡胚。

白壳蛋鸡体重轻，属轻型鸡，开产早，蛋重大，产量高，耗料少；但比较敏感，易受惊吓，爱炸群，易脱肛等特点。

海兰W-98由美国海兰公司培育，全身白色（图1-9），产白壳鸡蛋。

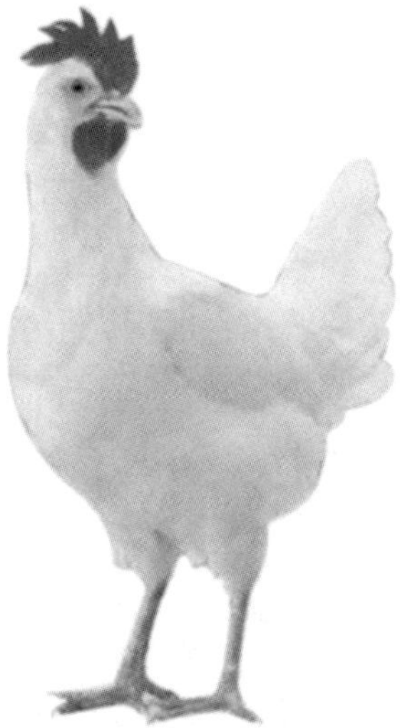

图1-9　海兰W-98

商品代生产性能：1～16周龄成活率98%，体重1 230 g，每只鸡耗料量5.05 kg；

产蛋期：达到50%产蛋率日龄137天，高峰产蛋率93%～94%，32周龄平均蛋重60.1 g，70周龄65.6 g。入舍鸡产蛋数至60周249～254枚，存活率97%，至80周351～359枚，存活率93%；18～80周龄日均采食量98 g，产蛋量21.8 kg；20～60周龄料蛋比1.85∶1，20～80周龄料蛋比1.93∶1。70周龄体重1.67 kg，鸡蛋哈弗单位81（图片和生产性能数据引自海兰管理手册2009—2011）。

## 三、粉壳蛋鸡品种

粉壳蛋鸡属红白杂交配套品种，用褐壳蛋鸡父母代公鸡与白壳蛋鸡父母代（或商品代）母鸡杂交（或称正交），或用白壳蛋鸡父母代（或商品代）公鸡与褐壳蛋鸡父母代母鸡进行反交，生产粉壳蛋鸡，鸡蛋颜色为粉色。由于粉壳蛋鸡属品种间杂交，后代分离比较大，商品代毛色、体型、体重均不同，部分鸡像褐壳蛋鸡，部分鸡像白壳蛋鸡；两种不同的杂交方式，导致粉壳蛋鸡产蛋性能、耗量料也不同。虽然粉壳鸡蛋呈现粉色，与地方鸡颜色相同，常常被用于冒充土鸡蛋（或称柴鸡蛋），但标准的粉壳蛋鸡鸡蛋相对于土鸡蛋来说，颜色更一致，蛋重也更大，而土鸡蛋由于鸡品种杂，颜色杂乱，是粉壳鸡蛋和土鸡蛋（或称柴鸡蛋）的主要区别。

### 1. 海兰灰

海兰灰是美国海兰国际公司培育优良蛋鸡品种，蛋壳颜色为粉色，成年蛋鸡毛色为白中带褐色斑点，皮肤为黄色（图 1–10）。

图 1–10　海兰灰粉壳蛋鸡

商品代生产性能：

1 ～ 17 周龄成活率 97% ～ 98%，体重 1 480 g，每只鸡耗料量 5.7 ～ 6.1 kg；

产蛋期：达到 50% 产蛋率日龄 145 天，高峰产蛋率 94% ～ 96%，32 周龄平均蛋重 59.5 g，70 周龄 63.4 g。入舍鸡产蛋数至 60 周 254 枚，至 74 周 333 枚；18 ～ 80 周龄日均采食量 116 g，18 ～ 74 周产蛋量 20.2 kg，料蛋比 2.19 : 1。70 周龄体重 2.2 kg。哈弗单位 76（图片和生产性能数据引自海兰灰管理手册 2006—2008）。

### 2. 尼克粉

尼克粉壳蛋鸡是由美国 H & N 国际培育的粉壳蛋鸡品种（图 1–11）。非常温顺，羽毛为白色，蛋壳颜色为奶油色。

商品代生产性能：

1～18周龄成活率96%～98%，18周龄体重1 420 g，每只鸡耗料量6.44 kg。

产蛋期（18～80周）：达到50%产蛋率日龄140～150天，18～60周产蛋248～255枚，18～80周龄产蛋355～360枚。90%以上产蛋率维持28～32周，80%以上产蛋率维持45～50周。平均蛋重63～64 g。日均采食量105～115 g，料蛋比（2.0～2.2）∶1。80周龄体重1 990 g，产蛋鸡成活率93%～96%。

图1-11　尼克粉壳蛋鸡

### 3. 京粉1号

由北京市华都峪口禽业有限责任公司培育的优良蛋鸡品种。

育雏、育成成活率97%以上。

产蛋期：140日龄达到50%产蛋率；90%以上产蛋率维持9个月以上，高峰期料蛋比（2.0～2.1）∶1。产蛋鸡成活率97%以上（引自http://www.hdyk.com.cn）。

### 4. 京白939蛋鸡

由原北京市种禽公司培育，目前隶属河北省大午公司。

1～17周成活率97%，18周龄体重1 350～1 400 g。

产蛋期：达到50%产蛋率日龄155～160天，高峰产蛋率96.5%，高峰期持续80%以上31～35周，90%以上11～13周，入舍鸡产蛋数270～280枚，入舍鸡总蛋重16.74～17.36 kg，21～72周料蛋比（2.30～2.35）∶1，72周龄存活率91%～94%。

### 5. 农大3号小型蛋鸡

农大3号小型蛋鸡是由中国农业大学培育的优良蛋鸡品种（图1-12）。2003年经过国家蛋鸡品种审定。育雏育成成活率96%以上，120日龄体重1.12 kg，育成期耗料5.5 kg。

产蛋期：50%产蛋率日龄145～155天，高峰产蛋率96%以上，

72 周入舍鸡产蛋数 292 枚，平均蛋重 54 ～ 58 g，总产蛋量 16.1 ～ 16.8 kg，产蛋期平均日采食量 89 g，高峰期采食量 94 g，料蛋比（1.92 ～ 2.04）∶1。成年体重 1.55 kg（数据引自农大 3 号节粮小型蛋鸡管理指南）。

图 1-12　农大 3 号小型粉壳蛋鸡

农大 3 号小型蛋鸡适合放养，22 ～ 61 周龄放养期间平均产蛋率 76 %，日耗料 89 g，平均蛋重 53.2 g。每只鸡产蛋量 11 kg，料蛋比 2.2 ∶ 1。淘汰鸡体重小，屠体美观。农大 3 号小型鸡还有温顺（篱笆 50 cm 高即可），不乱飞，不上树，不爱炸群，易于管理等特点。适合在林地或各种果园放养。

## 四、地方鸡品种

### 1. 华北柴鸡或柴鸡

目前，有地方土种和人工培育品种，品种较杂，颜色各异。一般公鸡鸡冠大，鲜艳，红润（图 1-13）。柴鸡飞翔能力强，喜欢上树，适合在空旷地，林木和板栗、核桃等坚果类树下放养，不适合在苹果、梨等

图 1-13　华北柴鸡公鸡

浆果树下放养。柴鸡 84 天前增重较快，120 ～ 150 天体重在 1.5 ～ 2.0 kg，以后增重减慢，饲养期不宜超过 5 个月。

母鸡（图 1–14）130 天左右开产，柴鸡蛋壳颜色主要呈粉色，也有白毛带黑点柴鸡以绿壳蛋为主。放养条件下，华北柴鸡高峰产蛋率在 70%左右，日补料必须 105 g 以上，料蛋比 3.7∶1。

图 1–14　华北柴鸡母鸡

### 2. 北京油鸡

源于九斤黄鸡，具有凤头、毛腿和胡子嘴，外观漂亮的特点（图 1–15、图 1–16）。肉质鲜美，又称宫廷黄鸡。90 日龄平均体重为公鸡 1.4 kg，母鸡 1.2 kg；料肉比（3.2 ～ 3.5）∶1；105 天出栏体重为 1.45 kg，料肉比 3.8∶1。成年公鸡 2 049 g，母鸡 1 730 g。成年鸡平均半净膛屠宰率：公鸡 83.50%，母鸡 70.70%；成年鸡平均全净膛屠宰率：公鸡 76.6%，母鸡 64.6%。母鸡 500 日龄产蛋量 120 ～ 130 枚，开产日龄 180 天，平均蛋重 56 g 高峰产蛋率 50% ～ 60%，就巢性强，蛋壳颜色为淡褐色。柴鸡飞翔能力不强，适合在林地或各种果园放养（母鸡图片引自 http：//www.youshanjiayuan.com）。

图 1–15　北京油鸡公鸡

图 1–16　北京油鸡母鸡

3. 乌鸡

目前，国内有丝毛白羽乌鸡（图 1–17，引自 http：//ykzhenqin.dllongcai.com）、黑羽乌鸡（图 1–18，引自 http：//www.fjfr.net）。纯种白羽乌鸡生长速度慢，110 天出栏，体重 1.1 kg，耗料增重比为 3∶1。但白羽乌鸡肉质鲜美，亚油酸、亚麻酸含量是我国地方鸡中的佼佼者。丝毛白羽乌鸡具有药用功能，是生产乌鸡白凤丸的原料。母鸡年产蛋量为 120 ～ 135 枚，蛋壳粉色为主，抱窝性强。黑羽乌鸡除胴体和脚呈黑色外，羽毛也为黑色，生长速度和产蛋性能均高于丝毛乌鸡，蛋壳颜色为绿色。乌鸡飞翔能力不强，适合在林地或各种果园放养。

图 1–17　丝羽乌鸡

图 1–18　黑羽乌鸡

4. 芦花鸡

因全身芦花得名（图 1–19、图 1–20），羽毛漂亮，适合开发成羽毛制品。鸡冠鲜红，生长速度中等，肉质鲜美。成年公鸡体重 1 600 g，母鸡 1 250 g。平均开产日龄 156 天，一年可产蛋 130 ～ 150 枚，在较好的庭院饲养管理条件下，年产蛋数 180 ～ 200 枚。料蛋比为 2.5∶1.0。蛋重 35.0 ～ 51.9 g，平均蛋重 45 g。颜色多数为微褐色，少数为白色。蛋黄比率 45.4% 左右。抱窝母鸡约占 3% ～ 5%，持续期一般在 20 天左右。芦花鸡飞翔能力强，喜欢上树，觅食能力强，敏感，易受惊吓。芦花鸡适合在空旷地、林木和板栗、核桃等坚果类树下放养，不适合在苹果、梨等浆果树下放养。

图 1–19　芦花母鸡

图 1–20　芦花公鸡

### 5. 绿壳蛋鸡

绿壳蛋鸡（图 1–21）原产于江西东乡，属地方品种，经过研究单位选育，目前，性能大大提高。90 天体重可达 1.2 kg，成年公鸡体重 1.5 ～ 1.8 kg，母鸡体重 1.1 ～ 1.4 kg，年产蛋 160 ～ 180 枚，平均蛋重 50 g，鸡蛋壳呈现绿色（图片和数据引自 http：//www.fcfuyuan.com）。

图 1–21　绿壳蛋鸡

# 第三节 蛋鸡品种选择

## 一、根据市场对鸡蛋颜色要求选择

饲养商品蛋鸡的目的是生产食品蛋，不同的地区对鸡蛋颜色喜好程度不同，饲养的品种应有差别。不同蛋鸡品种由于体重大小、性成熟时间、产蛋性能等特点不同，表现在育成期耗料量和成活率即饲养成本、开产时间、产蛋率、高峰维持时间、蛋重大小和淘汰体重等影响收益指标可能不同。此外，即使是褐壳蛋鸡或地方鸡，由于不同品种蛋壳颜色深浅、一致程度不同也影响消费者喜好。

饲养者在选择蛋鸡品种时，首要的是应考虑鸡蛋的市场需求是喜欢褐壳鸡蛋、白壳鸡蛋还是粉壳鸡蛋；考虑饲养褐壳蛋鸡、白壳蛋鸡还是粉壳蛋鸡。

## 二、根据饲养成本选择

在同一蛋鸡系列中，由于不同蛋鸡品种生产性能不同，如果该地区饲料价格高，饲养者应更加关注育雏、育成期饲养成本，产蛋期耗料量、饲料转化率，即产蛋期饲养成本；如果销售市场喜好蛋重小的鸡蛋，饲养者则应更多地考虑鸡蛋平均蛋重、开产时间、产蛋数量；如果对鸡蛋大小没有偏爱，则应关注产蛋量、料蛋比，这两项指标是通常用来衡量蛋鸡生产性能好坏的主要指标。

## 三、外销鸡蛋的选择

对于销售市场比较远、鸡蛋需要进行长途运输饲养者来说，选择蛋壳强度更加重要，尽可能降低运输中的破损程度。

## 四、生产品牌鸡蛋的选择

对于生产品牌鸡蛋的用户来说，鸡蛋品质可能成为更加关注的对象，尽可能地选择蛋壳颜色深、均一，鸡蛋内部品质好的蛋鸡品种。

虽然蛋鸡生产性能和鸡蛋品质主要取决于蛋鸡品种，但是，饲养管理、饲料品质、鸡舍建筑工艺和环境、疫病控制好坏也是影响蛋鸡生产性能和鸡蛋品质的重要因素。好的品种只有在良好的饲养管理、饲料品质、鸡舍建筑工艺和环境、疫病控制条件下，其遗传性能才能得到良好的发挥。否则，即使品种很好，饲养管理、饲料品质、鸡舍建筑工艺和环境、疫病控制条件很差，品种性能则得不到发挥。

除品种生产性能外，品种的适应性，或一些可以通过种蛋传播疾病的净化状况也是养殖户需要考虑的因素。

# 第二章 鸡场选址与布局

## 第一节 鸡场选址与布局要求

### 一、鸡场选址要求

鸡场应选择周围 3 km 内无大型化工厂、矿厂，距其他畜牧场、干线公路、村和镇居民点至少 1 km 以上的地区。新建蛋鸡饲养场不可位于传统的新城疫和高致病性禽流感疫区内。

此外，鸡场应尽量选择在整个地区的上风头，要求地势高燥、采光充足和排水良好。水、土和空气中不利于蛋鸡生长和安全的有毒有害物质不能超标。不能选择曾使用大量农药、存放或堆积化工原料的地块饲养蛋鸡，不能使用受污染的水源。

### 二、鸡场布局要求

对于规模化（3 万只以上）养殖场来说，由于雏鸡需要供温，21 日龄以后可以通过鸡自身温度调节满足机体温度需要，可以实现脱温，因而常将蛋鸡的养殖分为雏鸡、育成鸡、产蛋鸡 3 个阶段，鸡舍布局相应分为雏鸡舍、育成鸡舍、产蛋鸡舍。但由于不同日龄蛋鸡免疫状况不同，在禽病高发、控制难度越来越大的情况下，最好采用小规模饲养场，采用“全进全出”的饲养方式，即一个饲养场饲养同一批次蛋鸡，同时进雏，同时转群，同时上笼，统一出售，便于对全场进行统一的清理、消毒，防治鸡群发生交叉感染。

对于小规模饲养场，如果不能做到“全进全出”饲养，由于饲养批次少，雏鸡、青年鸡饲养期短，常常按育雏育成期、产蛋期划分规划鸡舍布局。粪场最好建在离育雏舍 300 m 以上的地方，雏鸡舍与成年鸡舍建议相隔 100 m 以上。饲养人员分开，管理人员检查鸡群时最好先检查雏鸡舍，然后检查成年蛋鸡舍，尽量避免由管理人员造成的交叉污染，特别是雏鸡的感染。

## 第二节 鸡场卫生和防疫

### 一、鸡场卫生

鸡场卫生是非常重要的，清洁卫生是控制疾病发生和传播的有效手段，包括鸡舍卫生和鸡场环境卫生。

鸡舍卫生即清除舍内污物和房顶粉尘、蜘蛛网，保持舍内空气清洁。

环境卫生指定期打扫鸡舍四周，清除垃圾、洒落的饲料和粪便。鸡舍周围 15 m 内要铲除杂草，地面都要进行平整和清理，设立“开阔地”，不种蔬菜谷物以杜绝鼠或昆虫入侵鸡舍，如滋生杂草要经常铲除，防止蚊虫孳生，给鸡带来疾病传播。场区内不得堆放任何设备、建筑材料、垃圾等，防止野生动物和鼠类繁衍。饲养场院内、鸡舍要经常投放诱饵灭鼠，因为鼠类容易传播疾病和污染饲料，一颗鼠粪含沙门氏菌可达25万个，是容易传播鸡白痢的重要因素。此外还要灭蝇，舍内灭蝇选择诱饵而不是杀虫剂，诱饵投放在鸡群不易接触的地方，舍外灭蝇可采用喷洒杀虫剂，灭蝇、灭鼠药应选择符合农药管理条例规定的菊酯类杀虫剂和抗凝血类杀鼠剂类高效低毒药物，死鼠和死蝇进行无害化处理。

## 二、鸡场防疫

防疫是养殖场的重头戏，做好防疫等于成功了一半。

无公害蛋鸡饲养防疫要求：

（1）防止外人随意参观。鸡场区域周围应建筑围墙防止不必要的造访人员，鸡场所有入口处应加锁并设有“谢绝参观”标志。

（2）进出场区要消毒。鸡场或鸡舍门口设消毒池（图 2–1、图 2–2）

图 2–1　地上消毒池

图 2–2　地下消毒池

或消毒间，所有进场人员要脚踏消毒池，消毒池选用 2% ～ 5% 漂白粉溶液或 2% ～ 4% 氢氧化钠溶液。进场人员除了鞋消毒外，还要经过紫外线照射的消毒间杀灭身上可能携带的病菌。此外，进出车辆需经过消毒池消毒，建议用表面活性剂消毒液进行喷雾。

（3）进鸡舍的消毒。更换干净的工作服和工作鞋。外来人员不应随意进出生产区，特定情况下，参观人员在淋浴和消毒后穿戴工作服才可进入。鸡舍门口设消毒池或消毒盆供工作人员鞋消毒用。进入或离开每栋鸡舍时，工作人员和来访人员必须要清洗消毒双手和鞋靴，或建议在鸡舍门口放置鸡舍专用鞋。

（4）控制其他禽病传播。鸡场不饲养其他家禽，如鸟、鹅等；控制野禽、鼠类；病死禽采用焚烧处理。

# 第三章 雏鸡饲养管理

雏鸡是指0～6周龄的后备母鸡，也有将雏鸡阶段划分为0～8周龄。雏鸡饲养的好坏关系到养鸡的成败，所以，育雏是养鸡中很关键的第一步。育雏的目标是实现高成活率，雏鸡体重达到标准。

## 第一节 雏鸡品质和性别鉴定

雏鸡苗选择的好坏事关重大，选择不好，导致雏鸡死亡率高、发育差，影响生产性能。应从有种鸡生产许可证，而且无鸡白痢、新城疫、禽流感、支原体、禽结核、白血病的种鸡场引种，或由该类场提供种蛋孵化后经过产地检疫的健康雏鸡，无弱雏、残雏。

健康雏鸡的特点是：腹小、松软，脐带吸收良好，活泼有神。弱雏是指脐带愈合不良或发青（图3–1、图3–2），卵黄吸收不全，大肚子（图3–3），羽毛不全或粘连、不干燥，不活泼。残雏是指雏鸡不能站立、眼睛不能张开或出现瞎眼、歪嘴、转脖等（图3–4、图3–5）。

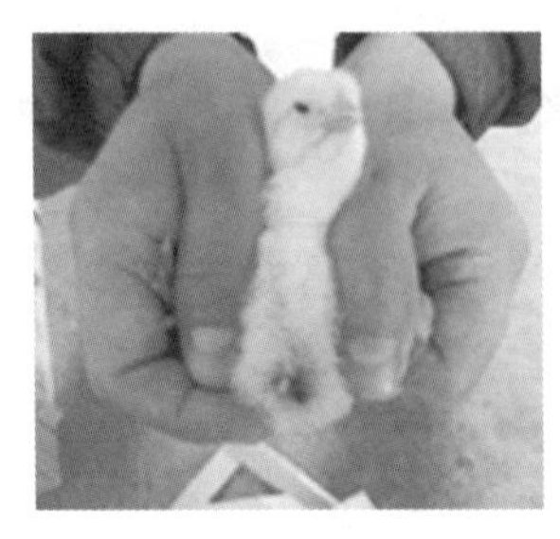
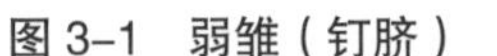
图 3–1　弱雏（钉脐）

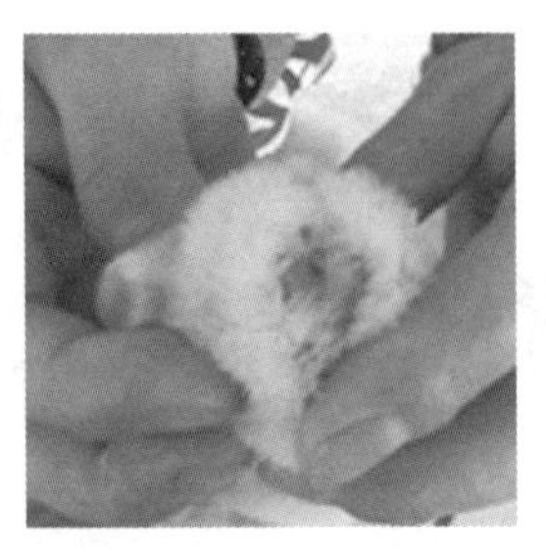
图 3–2　脐部愈合不良

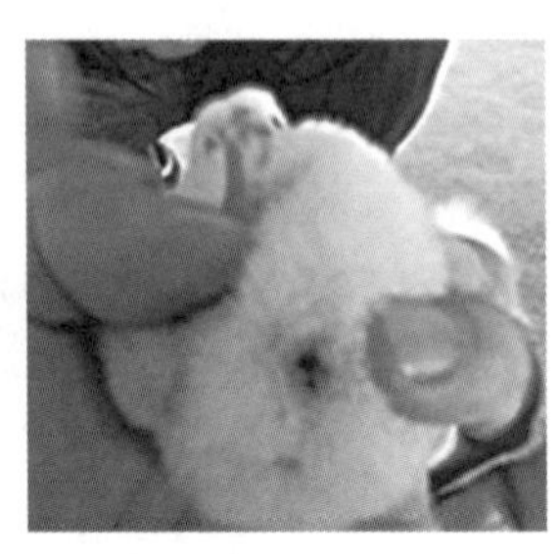
图 3–3　大肚子，脐部发青

图 3–4　残雏（站立不起）

图 3–5　残雏（瞎眼，歪嘴）

由于不同日龄母鸡体重有差异，母鸡的体重影响蛋重的大小，进而影响雏鸡体重，导致发育均匀度差，应尽量选择来自同一日龄母鸡的健康雏鸡。

褐壳蛋鸡商品代雏鸡苗可以通过毛色进行公母鉴定，公雏出壳后为全身白色（图 3–6）、头部绒毛带红色（图 3–7）或背部中间呈现红色条带（图 3–8），母雏为全身红色（图 3–9）、眼眶周围绒毛呈红色（图 3–10）或背部有两条红色条带（图 3–11）。一般褐壳蛋鸡雌雄鉴别能达到 98% 以上。

白壳蛋鸡或粉壳蛋鸡有些品种能利用快慢羽进行鉴别，有些品种需要靠翻肛鉴别，翻肛鉴别主要看生殖道突起，需要视力好，并经过一定时间的手法培训才能掌握。

图 3–6 公雏全身白色

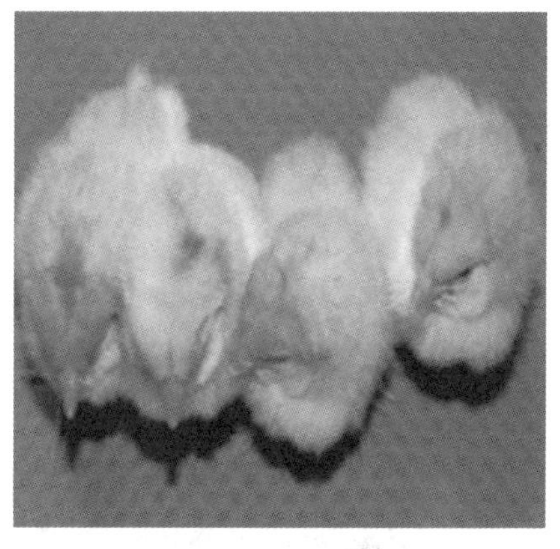

图 3–7 公雏（头部绒毛带红色）

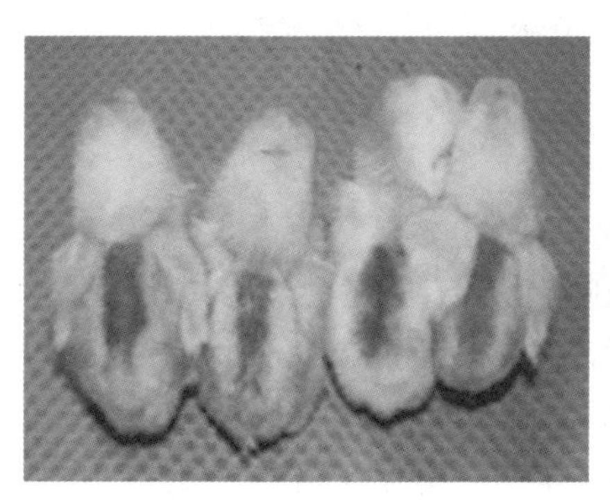

图 3–8 公雏（背部中间呈现红色条带）

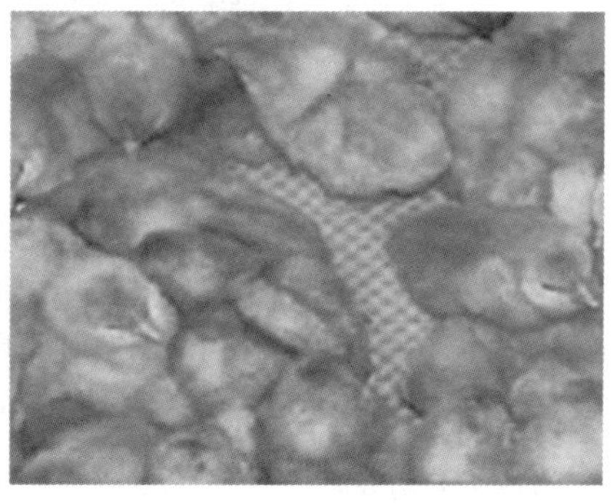

图 3–9 母雏全身红色

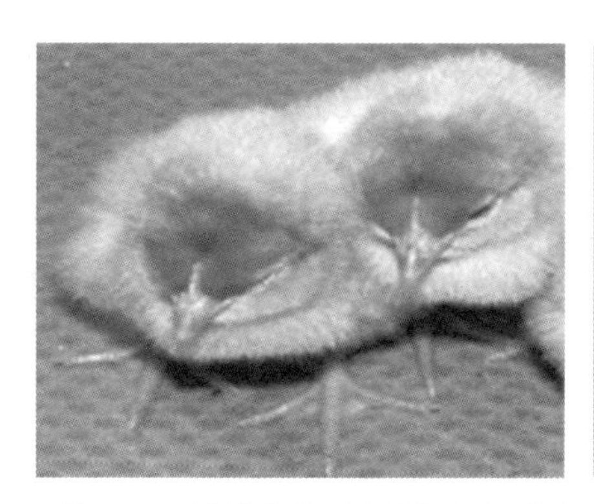

图 3–10 母雏（眼眶周围绒毛呈红色）

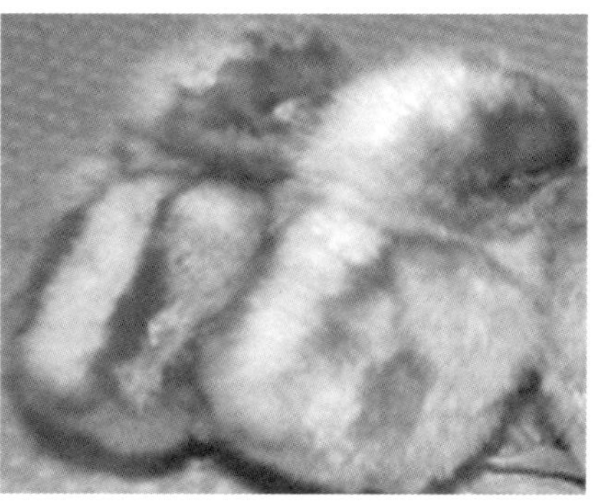

图 3–11 母雏（背部有两条红色条带）

# 第二节 育雏方式

育雏根据饲养条件分地面平养（图 3–12）、网上育雏（图 3–13）、重叠式笼养或阶梯式笼养。

图 3–12　地面平养育雏图

图 3–13　网上育雏

地面平养最好采用吸水性强的刨花、锯末作垫料，其次采用稻壳，或稻壳加锯末。没有以上条件则采用麦秸或其他能有助于保温，吸水的材料。垫料一般需要铺 10 ～ 15 cm 厚。

有条件饲养户尽量选用育雏笼进行育雏，方便抓鸡免疫和其他管理。育雏笼根据鸡笼是否重叠分重叠式育雏笼（图 3–14 至图 3–17）或阶梯式

图 3–14　3 层重叠式育雏笼

图 3-15　重叠式育雏育成笼图

图 3-16　4 层重叠式育雏育成笼（带乳头饮水器）

图 3-17　弹簧门重叠式育雏育成笼

育雏笼（图 3-18）。一般重叠式育雏笼 3 ～ 4 层，充分利用空间，单位面积饲养雏鸡数量多。育雏前期（0 ～ 7 天）采用笼内放置料桶、饮水器的方式供水、供料，7 天后采用笼外挂食槽、水槽的方式供料、供水。也有全期采用水槽或乳头饮水器供水方式。

图 3-18　3 层阶梯式育雏、育成笼
（外挂食槽，食槽上方可安装水槽或乳头饮水器）

# 第三节 雏鸡饲养管理

## 一、鸡舍准备

鸡舍所有设备冲洗干净，并将鸡舍空舍干燥 10 ～ 12 天后，将所有的用具放到鸡舍。地面平养铺上干净、干燥、无霉变垫料，如稻壳或铡短成 3 ～ 5 cm 的麦秸或玉米绒 7 ～ 10 cm。如采用网上饲养，则搭好笼架，安装好隔网。先用广谱消毒药按说明书要求进行全面喷洒消毒，如果采用自动饮水系统，还要对饮水系统进行清洗消毒，包括清洗过滤器、水箱和水线。水线可采取用消毒药浸泡 1 ～ 3 小时后将消毒水放掉，用清水冲洗干净，然后每立方米空间用 30 ml 福尔马林、15 g 高锰酸钾和 30 ml 水熏蒸消毒。48 小时后将门窗打开，除去残留的福尔马林气体，并清除溅出在地面或垫料上的消毒废液，准备接雏。

## 二、进雏准备

接雏前两天（夏天提前 1 天）开始给育雏舍加温，让育雏室温度达到 33 ～ 35℃，然后将饮水器灌满水，水中可以加 3% 葡萄糖或电解多维。在料桶或料盘中撒入少量饲料，放置在明显位置。加温最好采用水暖（图 3-19）、畜舍空调热风器加热（图 3-20），避免直接在雏鸡舍放置煤炉升温，防止产生一氧化碳导致雏鸡中毒，或烟尘过多导致雏鸡发生呼吸道疾病。

图 3-19　暖气片加热

图 3-20　畜舍空调加热器

## 三、接鸡（雏）

雏鸡到来前，先检查温度、饲料、饮水设备是否供水正常。雏鸡到来后，如采用平养育雏，将雏鸡均匀地放置在鸡舍靠近料盘、饮水器具的地方。如采用笼养育雏方式，一般先将雏鸡放置在最上层或上层与中层，然后根据饲养密度需要和温度状况，结合免疫逐步进行分层，往中、下层疏散。

## 四、温度控制

温度是育雏成功与否的重要保证，3 周龄前的雏鸡不具备调节体温的能力，因而需要较高的温度，高温还有助于雏鸡卵黄囊的吸收。第一周温度保持在 34 ～ 36℃，以后每周下降 2 ～ 3℃，雏鸡各周适宜温度见表 3-1。适宜温度应视鸡群活动情况而定。

表 3-1　蛋鸡温度控制要求

| 日龄 | 0 ～ 3 日龄 | 4 ～ 7 日龄 | 第 2 周 | 第 3 周 | 第 4 周 | 5 周以上 |
|---|---|---|---|---|---|---|
| 温度（℃） | 35 ～ 37 | 32 ～ 34 | 28 ～ 31 | 26 ～ 27 | 21 ～ 24 | 18 ～ 20 |

最好使用能显示最高最低温度的医用温度计（图 3-21）测定鸡舍温度，可以了解之前的育雏舍所达到的最高温度和最低温度，以及读数当时温度，以便合理安排供温措施。

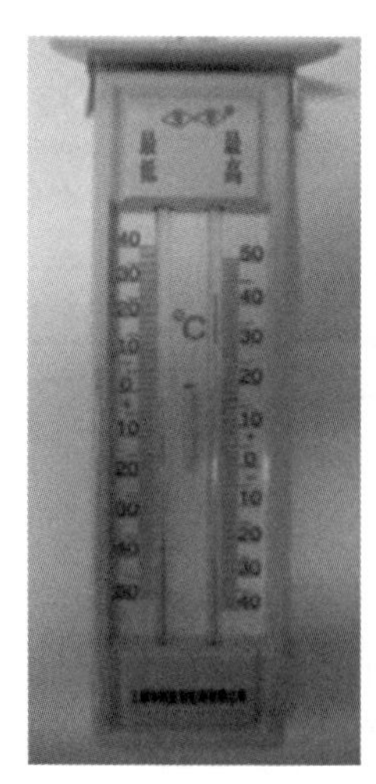

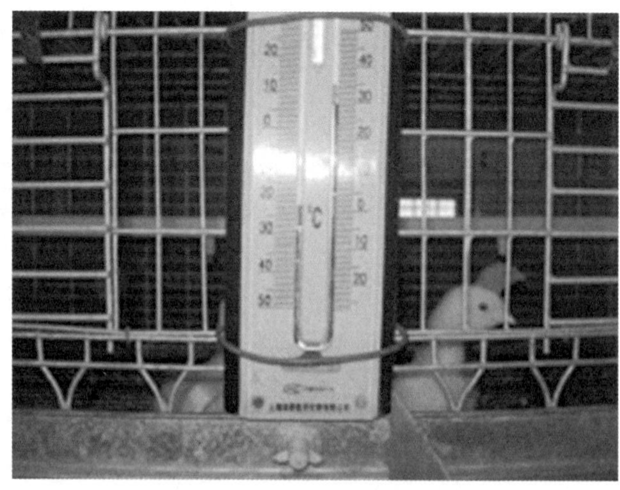


图 3-21　能显示最高温度和最低温度的医用温度计

要经常检查鸡群状况：如雏鸡扎堆（图 3–22），说明温度过低，此时应提高温度。鸡群扎堆很容易导致堆积死亡。此外，温度过低，导致鸡群活动性能减弱，影响采食和饮水，也是导致死亡的重要因素。

如果雏鸡分散良好（图 3–23），运动自如，则说明温度正常。

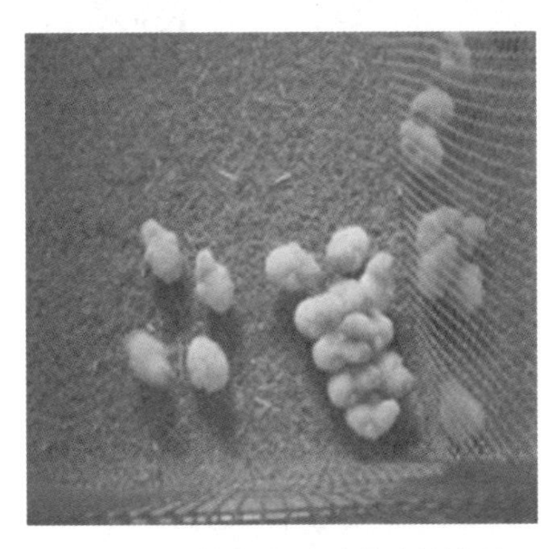

图 3–22　温度偏低（雏鸡扎堆）

图 3–23　温度适宜

如雏鸡翅膀张开，张嘴喘气（图 3–24），或身体紧贴笼网说明温度过高，此时应逐渐降低温度。高温降低雏鸡采食量，导致雏鸡体重减轻。温度过高导致雏鸡出汗，而后如果鸡舍降温下降过快、过大，雏鸡容易受凉，导致雏鸡死亡率升高，发生应激，脱水；因而，要注意雏鸡舍温度不能出现忽高忽低现象，日夜温差变化不要大于1℃。

图 3–24　温度偏高

育雏后期温度不能过高，适当低温有助于促进雏鸡采食，增加体重。

采用多层育雏笼育雏时，由于各层温度差异大，一般一层差1℃以上。因而，如果进雏时将雏鸡放置在各层，容易上层雏鸡温度过高，出现喘气现象；下层温度过低，出现扎堆现象。因而，一般建议早期放置在温度较高的上层，或上中层，然后逐步往下扩群的方式。

## 五、通风要求

由于雏鸡需要保温，通风经常被忽视。经常给雏鸡舍通风换气，才能保持空气清新。因为鸡的皮肤、羽毛和咳嗽、鸣叫，饲料可以产生大量的粉尘。如果鸡舍空气中总粉尘浓度超过 4.20 mg/m$^3$，粉尘会对呼吸道产生刺激并引起发炎，降低鸡对疾病的抵抗力，增加疾病的易感性，容易出现慢性呼吸道疾病。鸡对氨气特别敏感，当氨气浓度超过 20 mg/kg 时，对鸡的黏膜产生强烈刺激，能引起结膜、上呼吸道的黏膜充血、水肿。硫化氢同样对蛋鸡产生危害，它对呼吸道有刺激性和窒息性，低浓度硫化氢的长期毒害可使鸡体质下降，抵抗力降低，生产性能下降，浓度超过 10 mg/kg 时会导致呼吸中枢麻痹而死亡。

通风要循序渐进，不能在通风时窗户门全部打开。窗户门在早晨、晚上凉时小敞，中午热时大敞；有风时小敞，无风时大敞。当进入鸡舍，感觉气味刺鼻时，必须敞开通风，提高室内温度。饲养前期以保温为主，兼顾通风；后期以通风为主，兼顾保温。建议在屋顶安装无动力风机（图 3–25），热空气或湿气通过屋顶风机进行自动排放，屋顶风机通过拉绳拉开或关闭风机内风筒的挡风板（图 3–26）增加通风量或减少通风量。

图 3–25　屋顶风机外型

图 3–26　屋顶风机舍内形状（通过开闭调节板调节通风量）

## 六、湿度要求

育雏前 2 周，通过喷雾消毒（图 3–27），或在火炉上放置水壶（图 3–28）通过水蒸发的方式，将湿度保持在 60% ～ 70%，有助于雏鸡羽毛生长，可以减少育雏前期死亡率，减少呼吸道疾病，提高发育速度。3 周龄以后保持干燥，湿度控制在 50% 以下，可以减少呼吸道疾病和寄生虫疾病的发生。

图 3–27　喷雾消毒提高湿度

图 3–28　煤炉上放置水壶加湿

## 七、密度要求

饲养密度关系到鸡群体重发育和均匀度，只有合适的密度才能保证雏鸡发育健壮，成活率高，均匀度好。如果雏鸡密度过大（图 3–29），雏鸡的采食、饮水位置均受影响，导致鸡群发生抢食，挑食，影响全群鸡的采食、饮水，从而影响雏鸡正常发育和鸡群发育的均匀性。如果采用立体笼养育雏，应及时进行分群，确保饲养密度适宜（图 3–30）。此外，还要注意保证有足够的食槽、水槽或乳头饮水器数量。育雏和育成饲养密度和采食、饮水位置见表 3–2。

图 3–29　雏鸡密度过大

图 3–30　雏鸡密度适宜

表 3–2　雏鸡饲养密度和采食、饮水位置

| 密度 | 饲养方式 | 0 ～ 4 周龄 | 5 ～ 17 周龄 |
| --- | --- | --- | --- |
| 每平方米鸡数 | 笼养 | 50 | 15 |
| | 垫料 | 12 | 6 |
| | 网上 | 15 | 8 |
| | 垫料 + 网上 | 13 ～ 14 | 7 |
| 采食位置 | 饲槽式（cm ／鸡） | 2.5 ～ 5 | 8 |
| | 桶式（鸡 / 只） | 30 ～ 40 | 25 ～ 30 |
| 饮水位置 | 水槽式（cm ／鸡） | 3 | 3 |
| | 桶式（鸡 / 只） | 80 | 50 |
| | 乳头式（鸡 / 只） | 8 | 8 |

## 八、饮水要求

头 3 天用温水，水温应为 18 ～ 20℃。应每天更换新鲜的饮水，每天刷洗、消毒饮水设备，消毒剂可选用碘酊、氯制剂、百毒杀等，消毒完后用清水冲洗饮水设备。要尽量选择乳头饮水器，或刚开始由钟形饮水

器（图 3–31）再逐渐过渡到乳头饮水器。饮水器高度应随日龄变化进行调节，乳头饮水器位置应高于头部高度 2 cm，让小鸡呈 45° 喝水，长大后呈 75° ～ 85° 喝水（图 3–32）。杯式饮水器或水槽高度应与鸡背高度平齐。

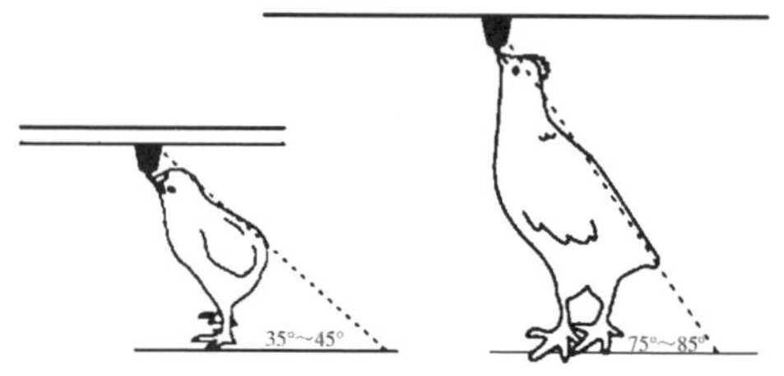

图 3–31　钟形饮水器　　　图 3–32　乳头饮水器设置高度示意图

使用乳头饮水器时要经常检查乳头是否正常出水。如果出水过快，出现很多乳头滴水情况，可能说明水压太大，应降低水箱高度（水箱高于水线 30 cm 为正常）或通过调整减压阀调节水压。如果出水量过小，说明水压太低，应提高水箱高度，或增加水压阀压力。应及时发现不出水或出水过快的乳头，进行拆洗或修复，对于不能修复的不出水或出水过快乳头应及时进行更换。

## 九、饲料及饲喂

育雏原则是尽可能让雏鸡充分的发育，体重符合标准。雏鸡的体重决定育成鸡结束体重，影响开产时间、开产蛋重和产蛋量。因而，让雏鸡充分发育至关重要。

雏鸡生长早期发育完成 90% 的骨架，饲料营养是关键，雏鸡营养要求见表 3–3。目前，像伊莎褐 / 海塞克斯褐 / 宝万斯、罗曼褐、尼克蛋鸡 0 ～ 3 周龄或 0 ～ 4 周龄雏鸡营养标准均已达到我国肉鸡的营养标准，高于我国 2004 年修订的 NY/T 33–2004 雏鸡 0 ～ 8 周龄标准。因而，建议 0 ～ 3 周龄蛋雏鸡尤其是罗曼、尼克和农大 3 号小型蛋鸡等采食量低的品种，饲喂肉小鸡破碎料尤为重要，提高雏鸡饲料营养水平，促进体重增长和骨骼发育。4 周后饲喂蛋雏鸡粉料。对于自配料的饲养户应增加配方中豆粕的含量，适当补充赖氨酸、蛋氨酸，尽量减少能量低以及纤维素含量高的麦麸、玉米皮、DDGS 等用量。此外，原料粉碎时，要求雏鸡料 75% ～ 80% 的饲料颗粒在 0.5 ～ 3.2 mm。

**表 3–3　各褐壳蛋鸡品种雏鸡的营养需要**

| 营养成分 | NY/T 33–2004 | 海兰褐 | | 罗曼褐 / 尼克 | | 伊莎褐 / 海塞克斯褐 / 宝万斯 | |
|---|---|---|---|---|---|---|---|
| | 0 ～ 8 周 | 0 ～ 3 周 | 4 ～ 6周 | 1 ～ 3 周 | 4 ～ 8 周 | 0 ～ 4 周 | 4 ～ 8周 |
| 代谢能（MJ/kg） | 11.91 | 11.70 | 11.70 | 12.12 | 11.50 ～ 11.70 | 12.33 | 11.91 |
| 粗蛋白质（%） | 19.0 | 20.0 | 18.3 | 21.0 | 18.5 | 20.5 | 19.0 |
| 赖氨酸（%） | 1.00 | 1.08 | 0.99 | 1.20 | 1.00 | 1.16 | 0.98 |
| 蛋氨酸（%） | 0.37 | 0.48 | 0.45 | 0.48 | 0.38 | 0.52 | 0.45 |
| 蛋 + 胱氨酸（%） | 0.74 | 0.85 | 0.79 | 0.83 | 0.67 | 0.86 | 0.76 |
| 苏氨酸（%） | 0.66 | 0.75 | 0.69 | 0.80 | 0.70 | 0.78 | 0.66 |
| 色氨酸（%） | 0.20 | 0.21 | 0.20 | 0.23 | 0.21 | 0.22 | 0.19 |
| 钙（%） | 0.9 | 1.0 | 1.0 | 1.05 | 1.0 | 1.05 | 0.90 |
| 有效磷（%） | 0.40 | 0.45 | 0.44 | 0.48 | 0.45 | 0.48 | 0.42 |
| 维生素 A（国际单位 / kg） | 4 000 | 9 900 | | 12 000 | | 13 000 | |
| 维生素 D（国际单位 / kg） | 800 | 3 300 | | 2 000 | | 3 000 | |
| 维生素 E（mg/kg） | 10 | 22 | | 10 ～ 30 | | 25 | |
| 维生素 K（mg/kg） | 0.5 | 3.3 | | 3 | | 3 | |
| 维生素 $B_1$（mg/kg） | 1.8 | 2.2 | | 1 | | 2 | |

（续表）

| 营养成分 | NY/T 33–2004 | 海兰褐 | 罗曼褐 / 尼克 | 伊莎褐 / 海塞克斯褐 / 宝万斯 |
|---|---|---|---|---|
| | 0～8周 | 0～3周　4～6周 | 1～3周　4～8周 | 0～4周　4～8周 |
| 维生素 $B_2$（mg/kg） | 3.6 | 6.6 | 6 | 5 |
| 维生素 $B_6$（mg/kg） | 3 | 4.4 | 3 | 5 |
| 维生素 $B_{12}$（mg/kg） | 0.01 | 0.02 | 0.015 | 0.02 |
| 泛酸（mg/kg） | 10 | 11 | 8 | 15 |
| 烟酸（mg/kg） | 30 | 33 | 30 | 60 |
| 叶酸（mg/kg） | 0.55 | 0.9 | 1.0 | 0.75 |
| 生物素（mg/kg） | 0.15 | 0.055 | 0.05 | 0.20 |
| 胆碱（mg/kg） | 1 300 | 110 | 300 | — |
| 锰（mg/kg） | 60 | 88 | 100 | 60 |
| 锌（mg/kg） | 60 | 88 | 60 | 60 |
| 铁（mg/kg） | 80 | 55 | 25 | 60 |
| 铜（mg/kg） | 8 | 11 | 5 | 8 |
| 钴（mg/kg） | — | — | 0.10 | 0.25 |
| 碘（mg/kg） | 0.35 | 1.70 | 0.50 | 1.00 |
| 硒（mg/kg） | 0.30 | 0.30 | 0.20 | 0.25 |

喂料时尽量保持饲料的新鲜状态。育雏期应采取少量，多次的原则，每天喂料 3 ～ 6 次。由于夜间时间较长，容易导致长时间饥饿，建议早

晨开灯后饲喂全天饲料总量的 50%，中午饲喂 20%，傍晚饲喂 30%。各蛋鸡品种雏鸡采食量见表 3–4、表 3–5。

表 3–4　褐壳蛋鸡的采食量和体重对照表　　（单位：g/ 天，g）

| 周龄 | 海兰褐 | | 海塞克斯 / 伊莎 | | 尼克 | | 罗曼 | |
|---|---|---|---|---|---|---|---|---|
| | 采食量 | 体重 | 采食量 | 体重 | 采食量 | 体重 | 采食量 | 体重 |
| 1 | 13 | 70 | 11 | 66 | 10 | 70 | 11 | 75 |
| 2 | 20 | 115 | 17 | 115 | 16 | 126 | 17 | 130 |
| 3 | 25 | 190 | 25 | 205 | 22 | 191 | 22 | 195 |
| 4 | 29 | 280 | 32 | 292 | 28 | 272 | 28 | 275 |
| 5 | 33 | 380 | 37 | 390 | 34 | 364 | 35 | 367 |
| 6 | 37 | 480 | 42 | 485 | 40 | 473 | 41 | 475 |
| 7 | 41 | 580 | 46 | 575 | 46 | 584 | 47 | 583 |
| 8 | 46 | 680 | 50 | 665 | 52 | 684 | 51 | 685 |
| 9 | 51 | 770 | 54 | 758 | 57 | 783 | 55 | 782 |
| 10 | 56 | 870 | 58 | 848 | 61 | 875 | 58 | 874 |
| 11 | 61 | 960 | 61 | 940 | 64 | 961 | 60 | 961 |
| 12 | 66 | 1 050 | 64 | 1 025 | 66 | 1 046 | 64 | 1 043 |
| 13 | 70 | 1 130 | 67 | 1 120 | 67 | 1 127 | 65 | 1 123 |
| 14 | 73 | 1 210 | 70 | 1 200 | 68 | 1 199 | 68 | 1 197 |
| 15 | 75 | 1 290 | 73 | 1 295 | 70 | 1 269 | 70 | 1 264 |
| 16 | 77 | 1 360 | 76 | 1 380 | 72 | 1 333 | 71 | 1 330 |
| 17 | 80 | 1 430 | 80 | 1 465 | 74 | 1 404 | 72 | 1 400 |
| 18 | 82 | 1 480 | 84 | 1 550 | 76 | 1 479 | 75 | 1 475 |

表 3–5　粉壳蛋鸡的采食量和体重对照表　　（单位：g/ 天，g）

| 周龄 | 海兰灰 | | 罗曼粉 | | 尼克粉 | | 农大 3 号粉 | |
|---|---|---|---|---|---|---|---|---|
| | 采食量 | 体重 | 采食量 | 体重 | 采食量 | 体重 | 采食量 | 体重 |
| 1 | 13 | 70 | 10 | 78 | 10 | 70 | 8 | 65 |
| 2 | 20 | 115 | 17 | 132 | 17 | 125 | 12 | 125 |
| 3 | 25 | 190 | 23 | 198 | 23 | 188 | 15 | 170 |
| 4 | 29 | 290 | 29 | 282 | 29 | 270 | 18 | 230 |
| 5 | 33 | 380 | 35 | 370 | 35 | 355 | 21 | 280 |
| 6 | 37 | 480 | 39 | 471 | 40 | 455 | 24 | 340 |

（续表）

| 周龄 | 海兰灰 | | 罗曼粉 | | 尼克粉 | | 农大 3 号粉 | |
|---|---|---|---|---|---|---|---|---|
| | 采食量 | 体重 | 采食量 | 体重 | 采食量 | 体重 | 采食量 | 体重 |
| 7 | 41 | 590 | 43 | 580 | 46 | 560 | 28 | 400 |
| 8 | 46 | 680 | 47 | 640 | 52 | 660 | 32 | 475 |
| 9 | 51 | 790 | 51 | 750 | 57 | 760 | 36 | 540 |
| 10 | 56 | 890 | 55 | 888 | 60 | 855 | 40 | 590 |
| 11 | 61 | 990 | 59 | 973 | 63 | 945 | 44 | 690 |
| 12 | 66 | 1 080 | 62 | 1 050 | 65 | 1 025 | 48 | 780 |
| 13 | 70 | 1 160 | 65 | 1 116 | 67 | 1 095 | 52 | 840 |
| 14 | 73 | 1 250 | 68 | 1 176 | 68 | 1 160 | 56 | 920 |
| 15 | 75 | 1 340 | 71 | 1 231 | 69 | 1 225 | 60 | 980 |
| 16 | 77 | 1 410 | 74 | 1 280 | 71 | 1 290 | 64 | 1 050 |
| 17 | 80 | 1 480 | 76 | 1 332 | 73 | 1 355 | 69 | 1 120 |
| 18 | 83 | 1 550 | 80 | 1 380 | 75 | 1 420 | 74 | 1 200 |

有条件的饲养场可以在料槽中添加麦饭石或粗砂粒，一般 1 ～ 2 周雏鸡，每周加 1 次，每次每只鸡 1 g，砂粒直径 1 ～ 2 mm；3 ～ 8 周龄期间，每周 1 次，每次 2 g，砂粒直径 3 ～ 4 mm。

## 十、断喙要求

断喙有助于减少饲料浪费和防止啄癖。啄癖的发生与光照强度、营养因素和生殖道疾病等多因素有关。对于密闭式鸡舍，由于光照强度较低，不断喙啄癖发生率也低，而开放式鸡舍即使断喙也照样发生啄癖。啄癖还与饲养密度有关，不同的饲养密度应采取不同程度的断喙，在每笼饲养 4 只母鸡的高密度饲养条件下，应采取强断喙措施，可以大大降低啄癖发生，提高生产性能；而在相对低密度（每笼 3 只）饲养条件下，采取中等程度断喙则可以取得很好的生产效果。

由于断喙对小母鸡来说是一种最大的应激，不正确的断喙方法会影响小母鸡以后的发育或造成终生残废，因而，断喙人员技术要求熟练。不同日龄断喙对小母鸡产生应激程度不同，小母鸡体重恢复也有差异。一般认为 6 ～ 10 日龄采用台式断喙器（图 3–33）。精确地切去上喙的 1/2，即鼻孔到嘴尖 2 cm 处，下喙的 1/3（图 3–34），可以确保产蛋前母鸡上下喙长度整齐（图 3–35），不用进行第二次断喙。断喙时间越晚，造成的应激越大，小母鸡体重恢复的时间越长，对小母鸡发育影响越大。但断喙日龄越早，质量越难掌握。烧灼时间控制在 2 秒钟内，用右手拇指轻轻按住雏鸡头部，食指顶住雏鸡下颌让雏鸡舌头回收，避免烧伤舌头。如果初次断喙掌握不好，则容易导致母鸡下喙越来越长（图 3–36），影响雏鸡采食和发育，造成以后还需进行第二次断喙。

图 3–33 断喙器

图 3–34 7 ～ 10 天断喙后效果

图 3–35 正确断喙后 18 周龄效果

图 3–36 不正确断喙后 18 周龄效果

断喙时要注意：

刀片保持全红状态（温度达到590～595℃），刀片不红时应用砂纸擦洗刀片或固定螺丝，以免因接触不良导致刀片不能正常加热。

建议每断5 000只鸡时应擦洗一次刀片；由于断喙导致刀片磨损，建议每断20 000～30 000只鸡时应更换刀片。

为防止断喙带来的应激和出血，在断喙前一天饲料中添加维生素K，断喙结束后料槽中的饲料应有一定的厚度，以方便雏鸡采食。

如果一次断喙效果不好，应在8～10周龄进行第二次断喙或修剪。

不要给弱鸡或病鸡断喙。

断喙后3～5天适当延长光照时间。

## 十一、光照方案

对于6周龄之前的母鸡来说，光照长短不一不影响其性成熟，6周龄以后光照时间长短影响雏鸡的发育。育雏前期强光照有助于雏鸡熟悉环境，促进采食、饮水活动，有利于体重增加。第一周要求光照时间为23小时，光照强度为20勒克斯（4瓦/$m^2$）。第二周光照时间减为每天16小时，光照强度为10勒克斯（3瓦/$m^2$）。2周龄以后光照时间14小时以内，光照强度以5勒克斯（2瓦/$m^2$）为宜。光照过强会导致鸡群兴奋，影响生长速度，还会导致啄癖发生。

国际上有在雏鸡到达第1天采用开灯4小时，然后熄灯2小时，再开灯4小时，熄灯2小时，让刚刚到达的雏鸡得到及时休息和采食、饮水，如此进行7～10天可以提高鸡群行为的同步化，提高鸡群均匀度，降低死亡率。育雏期光照计划表见表3-6。

表3-6　育雏期光照计划

| 周龄 | 光照时间（小时） | | 光照强度 | |
|---|---|---|---|---|
| | 大蛋方案 | 正常方案 | W/$m^2$ | 勒克斯 |
| 1～2天 | 24 | 24 | 3 | 20～40 |
| 3～6天 | 16 | 16 | 3 | 20～30 |
| 2 | 14 | 14 | 2 | 10～20 |

（续表）

| 周龄 | 光照时间（小时） | | 光照强度 | |
|---|---|---|---|---|
| | 大蛋方案 | 正常方案 | $W/m^2$ | 勒克斯 |
| 3 | 12 | 12 | 2 | 10～20 |
| 4 | 10 | 10 | 1 | 4～6 |
| 5 | 9 | 8 | 1 | 4～6 |
| 6 | 9 | 8 | 1 | 4～6 |
| 7 | 9 | 8 | 1 | 4～6 |
| 8 | 9 | 8 | 1 | 4～6 |

由于我国大多数属开放式鸡舍，光照控制不像密闭鸡舍那么容易。因而，有些养殖户不注意光照控制，导致鸡群发育提前，开产早，蛋小，而且产蛋高峰上不去，必须控制光照才能保证鸡群正常的发育。光照控制应与日照时间相结合，6～9月份出壳的雏鸡育成期自然光照递减，与雏鸡发育相符，光照按自然光照即可。9月至次年3月出壳的雏鸡宜采用恒定光照程序方法进行光照控制，一般按每天10小时即可。

3～6月出壳的雏鸡按递减或恒定光照程序，从3周龄起，光照由16小时递减至夏至自然光照时间或以夏至自然光照时间进行恒定光照。

应该注意的是，光照强度应在鸡的头部的高度测定，也就是鸡的眼睛应能感受的光照强度。光照强度也可估算：即每平方面积使用2.7瓦的白炽灯泡，可在平养鸡舍鸡背处提供10勒克斯的光照强度，但灯泡必须清洁、有灯罩，灯泡高度在2.1～2.4 m处。为保证灯泡亮度，应每周用干软布擦拭灯泡一次。灯泡在鸡舍内应分布均匀，呈梅花状，不宜并排排列。灯泡的功率不宜大于60瓦，否则，易造成局部光照过强，有些位置光照过弱，形成阴影。

冬季、夏季补光应在早晨进行，让鸡在休息后尽可能早采食，避免出现饥饿，受凉现象，夏季防止傍晚或夜间高温影响。春秋季人工补充光照时，应早晚同时进行，即早晨补1小时，傍晚也补1小时。补光可以采用自动光照控制仪（图3-37）控制早晚的开关灯时间，减少人工开、关灯的不准确性，也降低劳动强度。

图 3–37　自动光照控制仪

## 十二、日常管理

每天至少 2 次以上进鸡舍观测鸡群活动、采食状况，检测鸡舍温度，根据鸡群状况调整温度等管理措施；每天拣出死鸡，如果非意外死亡过多时，及时查找原因或请兽医诊断。要注意雏鸡用具卫生，使用料盘喂料时，要每天更换、清洗，消毒后再使用；最好能每天带鸡消毒，对鸡群、鸡舍各个角落进行喷雾消毒。免疫前后 2 天停止喷雾消毒。

# 第四章 育成期饲养管理

育成期是指蛋鸡 6 周龄或 8 周龄育雏结束到 17 周龄产蛋前的一段时间。育成的目标是蛋鸡达到性成熟之前能完成体格发育。体格是骨架与体重的综合，良好的骨架发育是维持产蛋期间高产性能的必要条件。若骨架小而相对体重大者，则说明鸡肥胖，这种体格的鸡产蛋性能差，容易导致早产、脱肛、产蛋初期死淘率高等缺点。

## 第一节 育成设施

### 一、房舍要求

对于育雏、育成分开的育成鸡饲养可以采用专门的育成舍，不必安装加温设置，但需要有通风和降温设施；可以采用有窗开放式鸡舍，也可以采用密闭式鸡舍。相对来说，密闭式鸡舍更有利于控制光照，促进育成鸡发育，防止育成鸡过早性成熟。有关育成鸡开放式或密闭式房舍见蛋鸡房舍要求。

## 二、育成笼

育成期要经常抓鸡、称重，建议进行笼养，可以采用育雏、育成一体笼进行育成，或采用专门的育成笼（与育雏、育成笼相似）进行育成。专门的育成笼前网网格固定，但间距要宽，有利于确保育成期结束鸡头能伸出采食。但如果转群过早，或育雏期结束后雏鸡体重过小，容易出现跑鸡现象。

## 三、饮水和喂料设施

育成期一般采用笼养外挂食槽方式喂料，笼内安装乳头饮水器供水。

# 第二节 育成期饲养管理

## 一、饲养密度

育成鸡的饲养密度是影响育成鸡质量的重要因素，密度过大（图4-1），导致鸡群发育差，体重不达标，均匀度差，影响后期生产性能。因而，必须合理控制密度。

图 4-1 密度过大

## 二、营养和饲料

进入育成期则需要将雏鸡料更换成育成鸡料，育成期饲料营养水平低于雏鸡。但是，由于育成期疾病发生率低，容易饲养。因而，育成期的饲养往往被忽视。育成期饲料营养水平低是导致我国育成鸡质量差（表现在体重不达标，均匀度差）的重要原因，应加强对育成期饲料营养水平的重视，适当提高日粮代谢能、赖氨酸水平。各蛋鸡品种育成期饲料营养水平见表 4–1。国际上伊莎、宝万斯和海塞克斯均属于一个公司，其饲料营养标准相同，由于目前国际上并没有针对粉壳蛋鸡制定相应的营养标准，粉壳蛋鸡饲料营养均采用褐壳蛋鸡营养标准。

**表 4–1　蛋鸡育成期营养需要**

| 营养成分 | NY/T 33–2004 | 海兰褐 | | 罗曼褐 / 尼克 | 伊莎褐 |
|---|---|---|---|---|---|
| | 9 ～ 18 周 | 7 ～ 12 周 | 13 ～ 16 周 | 9 ～ 16 周 | 10 ～ 16 周 |
| 代谢能（MJ/kg） | 11.70 | 11.50 | 11.29 | 11.50 ～ 11.70 | 11.50 |
| 粗蛋白质（%） | 15.5 | 17.5 | 15.5 | 14.5 | 16.0 |
| 蛋白能量比 | 55.36 | 63.6 | 57.4 | — | — |
| 赖氨酸能量比 | 2.43 | 3.27 | 2.44 | — | — |
| 赖氨酸（%） | 0.68 | 0.90 | 0.66 | 0.65 | 0.74 |
| 蛋氨酸（%） | 0.27 | 0.41 | 0.32 | 0.33 | 0.33 |
| 蛋 + 胱氨酸（%） | 0.55 | 0.71 | 0.58 | 0.57 | 0.60 |
| 钙（%） | 0.80 | 1.00 | 1.00 | 0.90 | 0.90 ～ 1.00 |
| 有效磷（%） | 0.35 | 0.43 | 0.42 | 0.37 | 0.36 |

换料时间根据体重而定，体重不足则推迟换料时间。从 7 周龄或 9 周龄开始，根据鸡的体重，将雏鸡饲料逐渐转变成育成鸡料；如果体重没有达到要求，则继续饲喂雏鸡料直到体重达到标准为止。在日粮的转换中应遵循 3∶1、1∶1、1∶3 的配比逐渐转换，各种比例饲料饲喂 2 天，第 7 天转换为完全育成鸡日粮。

## 三、体重和均匀度控制

育成鸡体重和喂料量可参考表3–4、表3–5进行。建议10～12周每天空料2～3小时。从4周起到16周，建议每两周末应从鸡舍不同位置，按5%～10%比例逐只用能精确到10 g的电子秤抽测至少100只鸡体重一次，计算鸡群的平均体重和均匀度；10～12周龄出现体重超标时，应保持上周饲喂量，不能减料，以防出现体重下降；如体重偏低时，应尽快查找如饲料营养水平、饮水量、饲养密度、疾病等原因，采取措施刺激母鸡多采食，尽可能在15周龄时达到体重标准。要将体重小的鸡尽早挑出，集中放在上层鸡笼，提高饲喂量。15周龄后，不论体重超标与否，都应保持一定增重，否则影响母鸡生殖器官发育，使开产推迟。

均匀度计算方法：比如12周龄对100只鸡进行单独称重，计算总重量是98 800 g，平均重量98 800/100=988 g，988×10%=98.8≈99 g，因而下限重量=988−99=889 g，上限重量=988+99=1 087 g；根据个体称重记录，计算体重在889～1 087 g的鸡数为85只，则均匀度为85/100=85%。蛋鸡生产中鸡群均匀度最好在85%以上。均匀度标准见表4–2。

**表4–2　鸡群的整齐度标准**

| 在鸡群标准体重±10%范围内的鸡只所占百分数 | 一致性程度 |
| --- | --- |
| 85%以上 | 特佳 |
| 80%～85% | 佳 |
| 75%～80% | 良好 |
| 70%～75% | 一般 |
| 少于70% | 不良 |

饲料营养水平低、饮水不足、饲养密度过大、鸡群发病或感染寄生虫均影响鸡群体重，同时也是造成均匀度差的重要原因。如果鸡群体重

不达标要检测饲料营养水平、饮水器供水效果、饮水器高度，饲养密度、鸡群健康状况、寄生虫感染等。

## 四、光照方案

蛋鸡在 8 周龄以后，开始性器官的发育。育成期光照原则：尽量不要让光照时间随周龄增长而增加，防止鸡出现早熟，过早产蛋，导致蛋重偏小，产蛋高峰期短，高峰低。对于密闭式鸡舍育成期光照方案可以参考表 4–3。如果育成鸡饲养于开放式鸡舍，育成期光照计划最好查阅蛋鸡 17 周龄当地的自然光照时间（表 4–4）；如果育成期光照时间逐渐缩短，则按 17 周龄自然光照时间 10 小时，从 6 周龄或 9 周龄开始一直按 10 小时控制，18 周龄后每周增加 1 小时，直至 21 周龄光照 14 小时；如果育成期逐渐延长，则按 17 周龄最长时间，比如 17 周龄正好是夏至，每天光照时间为 15 小时，则从 6 周龄或 9 周龄开始一直按 15 小时控制，18 周龄加 1 小时光照，使光照时间达到 16 小时，以后光照一直维持在 16 小时。

**表 4–3　育成期光照方案表**

| 周龄 | 光照时间（小时） | | 光照强度 | |
|---|---|---|---|---|
| | 大蛋方案 | 正常方案 | $W/m^2$ | 勒克斯 |
| 9 | 9 | 8 | 1 | 4 ～ 6 |
| 10 | 9 | 8 | 1 | 4 ～ 6 |
| 11 | 9 | 8 | 1 | 4 ～ 6 |
| 12 | 9 | 8 | 1 | 4 ～ 6 |
| 13 | 9 | 8 | 1 | 4 ～ 6 |
| 14 | 9 | 8 | 1 | 4 ～ 6 |
| 15 | 9 | 8 | 1 | 4 ～ 6 |
| 16 | 9 | 8 | 1 | 4 ～ 6 |
| 17 | 9 | 10 | 1 | 4 ～ 6 |

表 4–4　北京地区太阳日出日落时刻表

| 月. 日 | 节气 | 日出时间 | 日落时间 | 日照时数 |
| --- | --- | --- | --- | --- |
| 1.6 | 小寒 | 7：37 | 17：04 | 9：27 |
| 1.20 | 大寒 | 7：32 | 17：19 | 9：47 |
| 2.4 | 立春 | 7：21 | 17：36 | 10：15 |
| 2.19 | 雨水 | 7：03 | 17：54 | 10：51 |
| 3.6 | 惊蛰 | 6：42 | 18：11 | 11：29 |
| 3.21 | 春分 | 6：18 | 18：26 | 12：08 |
| 4.5 | 清明 | 5：53 | 18：42 | 12：49 |
| 4.20 | 谷雨 | 5：30 | 18：57 | 13：27 |
| 5.6 | 立夏 | 5：10 | 19：13 | 14：03 |
| 5.21 | 小满 | 4：55 | 19：28 | 14：33 |
| 6.6 | 芒种 | 4：46 | 19：40 | 14：54 |
| 6.22 | 夏至 | 4：46 | 19：43 | 15：01 |
| 7.7 | 小暑 | 4：53 | 19：46 | 14：53 |
| 7.23 | 大暑 | 5：04 | 19：37 | 14：33 |
| 8.8 | 立秋 | 5：19 | 19：22 | 14：03 |
| 8.23 | 处暑 | 5：33 | 19：01 | 13：28 |
| 9.8 | 白露 | 5：48 | 19：37 | 12：49 |
| 9.23 | 秋分 | 6：03 | 18：11 | 12：08 |
| 10.8 | 寒露 | 6：18 | 17：47 | 11：29 |
| 10.24 | 霜降 | 6：34 | 17：24 | 10：50 |
| 11.8 | 立冬 | 6：51 | 17：06 | 10：15 |
| 11.23 | 小雪 | 7：08 | 16：54 | 9：46 |
| 12.7 | 大雪 | 7：23 | 16：49 | 9：26 |
| 12.22 | 冬至 | 7：33 | 16：53 | 9：20 |

# 第五章
# 产蛋期饲养管理

蛋鸡产蛋期是产蛋的关键饲养环节，也是蛋鸡饲养中时间最长的环节。因而，蛋鸡环境设施既影响蛋鸡的生活环境，也影响管理和劳动强度。

## 第一节 产蛋鸡的设施

### 一、蛋鸡的房舍结构

蛋鸡舍最好采用保温、隔热性能好的砖墙或复合板结构，分有窗密闭式（图 5–1）或开放式（图 5–2）。密闭式鸡舍有利于冬季保温，夏季隔热，避免夏天过强光线直接照射到蛋鸡，鸡舍环境相对容易控制，但常年需要人工开灯获得光照，需要安装换气扇排出废气和粉尘，耗电量相对多。有窗开放式鸡舍便于利用自然光照和通风，降低人工光照和换气扇的使用，可以省电；但不利于冬天保温，夏天隔热，环境控制能力差；此外，多数有窗鸡舍窗户正好与鸡笼相对，在温度低的季节容易造成开窗后冷空气直接吹到蛋鸡，导致鸡体温度变化过快，引起感冒或其他慢性呼吸道疾病发生。

由于北京夏季温度较高，夏季降温成为蛋鸡饲养中考虑的重点。对于蛋鸡来说，好的降温方式主要采用湿帘降温，即在鸡舍的东或西墙安装湿帘（图 5–3），对侧安装排风机；也有采用东西墙使用有孔砖，加喷水的方式来达到夏季降温目的。

对于有窗开放式鸡舍，适当减少窗户面积，安装换气窗（图 5–4），换气窗由上往下打开，让空气先吹向屋顶，与上升的暖空气进行热交换后再沉降，有助于避免冬天冷空气直接吹向蛋鸡。结合屋顶风机将蛋鸡呼出的水汽、废气由屋顶排出，可以有助于降低慢性呼吸道疾病的发生。

图 5–1　砖墙结构密闭式鸡舍

图 5–2　复合板有窗开放式鸡舍

图 5–3　湿帘

图 5–4　换气窗

## 二、蛋鸡鸡笼

通常小规模蛋鸡场多采用阶梯式 3 层或 4 层笼养（图 5–5），大规模蛋鸡场多采用立体全自动蛋鸡笼（图 5–6），实现喂料、捡蛋、清粪全自动。在阶梯式蛋鸡笼中有采用人工喂料蛋鸡笼（图 5–7），也可以料槽外安装行车轨道，采用机械喂料（图 5–8）。相对来说，机械喂料速度快，带均料板，喂料相对均匀。阶梯式笼养多采用人工手工捡蛋，也有可以采用传送带传送的机械捡蛋阶梯式蛋鸡笼。

图 5-5　阶梯式蛋鸡笼

图 5-6　立体式蛋鸡笼

图 5-7　带自动清粪带 3 层阶梯式蛋鸡笼

图 5-8　机械喂料设备

## 三、蛋鸡的饮水设备

目前，多数蛋鸡场采用乳头饮水器给蛋鸡提供饮水，乳头饮水器具有节水、清洁、不用清洗、降低劳动强度等优点；但存在造价高、不能保证鸡同时饮水、引起饮水不足等缺点。国内一些地区还有采用水槽长流水式供水（图 5–9），造成水浪费大，水槽容易被鸡饲料污染，如果水槽得不到及时清洗，容易导致水槽中饲料发霉变质，引起蛋鸡拉稀等不良反应。因而，采用水槽式供水需要天天擦洗水槽，保证水质清洁，劳动量较大。

图 5–9　水槽式饮水

采用乳头饮水需要注意：鸡笼每层必须配备减压阀（图 5–7 黄色圆形物）或减压水箱，水箱可以购买标准产品，也可以自制（图 5–10）。如果没有减压装置，而是在房舍高处安装一个储水罐（图 5–11），用水管将各层水线相连（图 5–12），容易导致由于水压过大（至少 2 m，大大超过一般 30 cm 要求），导致乳头出水量过大、过快，容易引起乳头漏水，弄湿鸡毛或料槽，造成蛋鸡产蛋性能差。安装乳头饮水器时还需注意乳头最好位于两个鸡笼之间（图 5–13），如果乳头安装在鸡笼中央容易导致鸡在笼内活动时碰到乳头而淋湿羽毛（图 5–14），造成脱羽（图 5–15），影响产蛋性能。

图 5-10　自制简易水箱

图 5-11　储水罐

图 5-12　多层水线相连

图 5-13　乳头位于鸡笼一侧

图 5-14　乳头位于鸡笼中央

图 5-15　鸡背淋湿出现脱羽

## 四、清粪设备

目前，简易的机械清粪采用刮粪板自动清粪。在鸡舍砌粪沟（图 5-16），用钢丝绳或尼龙绳牵引刮粪板将鸡粪刮出鸡舍（图 5-17）。

图 5-16　带自动刮粪板式两层种鸡笼

图 5-17　室外刮粪装置

# 第二节 产蛋前期（预产期）饲养管理

由于国际上育种技术使得蛋鸡开产时间不断提前，多数蛋鸡品种 18 周龄即开产。因而，一些育种公司将 16 ~ 17 周龄，约两周时间定为产蛋前期，比我国 NY/T 33-2004 标准中将 19 周龄至开产定为产蛋前期要提前 3 周左右时间，饲养者更应合理掌握该时段的管理。

通常 16 周龄（可以提前到 15 周龄，最晚不超过 17 周龄）将育成鸡转入产蛋鸡舍，根据体重要求、采食情况制定换料计划和光照计划。

## 一、饲料营养和饲料

如果体重达到标准要求，则应做好产蛋准备，即饲料由育成料换成预产期饲料。由于蛋鸡产蛋期间日粮钙摄入不能满足蛋壳中的钙需要，蛋壳一部分钙除来自饲料还要来自于骨骼，因而必须提高骨骼钙贮备。由于高钙日粮易引起饮水量增加，粪便含水量高，一般将钙水平设计为 2.25% ~ 2.5%，即在饲料中添加 4% ~ 5% 石粉（注意颗粒度要细，防止鸡挑食），提高蛋鸡饲料中的含钙量，避免产蛋鸡产软壳蛋或沙皮蛋和产蛋高峰出现产蛋下降（即产蛋疲劳症）；如果没有预产期饲料，则至少在 18 周龄时要将饲料更换成高峰期饲料。预产期营养水平见表 5-1。当蛋鸡预产期遇到炎热天气，导致蛋鸡采食量下降，建议将饲料粗蛋白质、氨基酸水平提高。

饲料卫生要符合 GB 13078-2001 饲料卫生标准要求，禁止使用工业合成的油脂、畜禽粪便作饲料。饲料中使用的饲料添加剂应是《允许使用的饲料添加剂品种目录》所规定的品种，药物饲料添加剂的使用应按照《药物饲料添加剂使用规范》执行，我国规定制药工业副产品不应用作蛋鸡饲料原料。

表 5-1　蛋鸡预产期营养需要

| 营养成分 | NY/T 33-2004 | 海兰褐 | 罗曼褐 / 尼克 | 伊莎褐 | |
|---|---|---|---|---|---|
| | 19 周至开产 | 17 周至 5% 产蛋 | 16 周至 5% 产蛋 | 16 周至 5% 产蛋 | |
| 代谢能（MJ/kg） | 11.50 | 11.29 | 11.50 ～ 11.70 | 11.50 | 11.50 |
| 粗蛋白质（%） | 17 | 16.5 | 17.5 | 16.8 | 17.5 |
| 蛋白能量比 | 61.82 | 61.11 | — | — | — |
| 赖氨酸能量比 | 2.55 | 2.96 | — | — | — |
| 赖氨酸（%） | 0.70 | 0.8 | 0.85 | 0.80 | 0.84 |
| 蛋氨酸（%） | 0.34 | 0.38 | 0.36 | 0.40 | 0.42 |
| 蛋 + 胱氨酸（%） | 0.64 | 0.65 | 0.68 | 0.67 | 0.70 |
| 钙（%） | 2.0 | 2.75 | 2.0 | 2.0 ～ 2.1 | 2.1 ～ 2.2 |
| 有效磷（%） | 0.32 | 0.40 | 0.45 | 0.42 | 0.44 |

## 二、光照方案

光照制度是影响蛋鸡开产时间、体重和蛋重的重要因素。16 周龄如果蛋鸡体重达到要求，则可以通过光照刺激卵巢发育。如果体重没有达到要求，建议推迟增加光照时间，让母鸡推迟开产。

光照程序：光照时间从 17 周龄开始逐渐增加；一般第一周增加 1 小时，以后每周增加 30 分钟，直至产蛋高峰期达到光照 16 小时。建议先在早晨加光照，产蛋期不应随意变更光照程序，最好是早晨 4∶30 开灯，晚上 8∶30 关灯，白天可以根据天气状况决定是否采用自然光照而关灯。产蛋期的光照强度应达到 10 勒克斯（3 瓦 /$m^2$），不能过强，否则引起母鸡骚动不安或对光刺激生产抑制，导致卵巢闭锁和卵黄的自发贮存，产蛋停止。检验光照强度是否合适可以在鸡舍各处鸡背高度处放一张报纸，如果以正常看报距离能看清报纸字迹，说明光照强度适宜，如果看不清，说明光照太暗，应增加灯泡的瓦数或灯泡数量。

### 三、日常管理要点

进入预产期建议在转群至少一周前进行各项免疫，转群后还要注意其他免疫。转群第一天在饮水中可以补充水溶性电解多维，注意检查饮水设施是否正常，乳头是否有不出水或漏水现象。及时将地上跑鸡抓入笼内，按照鸡笼装鸡数量要求，不能超量装鸡，及时将多余的鸡进行处理，或将残次鸡、体重发育差的鸡进行淘汰。

## 第三节 产蛋高峰期及产蛋后期饲养管理

产蛋高峰期是指产蛋率5%以上（也有人提出2%以上）至产蛋高峰，高峰后下降至85%（也有人提出80%）以上的时间段。产蛋高峰期是决定产蛋水平高低的重要阶段，产蛋高峰越高，高峰时间维持越长，产蛋性能越好。有些商业蛋鸡品种90%维持时间能达到5～6个月，否则，说明产蛋性能差。因而，高峰期蛋鸡的饲养管理尤为重要。

### 一、产蛋高峰期饲料营养和饲料

产蛋1%以上，需要将饲料换成产蛋高峰料。

在产蛋高峰期，20～40周龄产蛋率在90%以上，蛋重和体重增加较快，此阶段必须保证最佳产蛋高峰和最大蛋重，能量进食量是影响产蛋率的关键因素。产蛋率随能量进食量的增加而急剧提高，尤其表现在蛋白质进食量减少时更为明显。因而高峰配方中足够的能量进食量是关键，同时注意足够的蛋白质、矿物质和维生素水平。要密切注意母鸡体重的变化，这个阶段的体重比开产初期的体重高出15%左右较好，过肥或过瘦都影响产蛋率和健康。为了提高蛋壳质量，建议 85% 以上的石粉用粗石粉或贝壳粉。

产蛋高峰期饲料营养见表 5–2。

表 5–2　蛋鸡高峰期营养需要

| 营养成分 | NY/T 33–2004 | 海兰褐 | 罗曼褐 / 尼克 | 伊莎褐 | |
|---|---|---|---|---|---|
| | | 日采食量 110 g | 日采食量 105 g | 日采食量 110 g | 日采食量 115 g |
| 代谢能（MJ/kg） | 11.29 | 11.70 | 11.50 | 11.50 | 11.50 |
| 粗蛋白质（%） | 16.5 | 16.7 | 17.8 | 17.7 | — |
| 赖氨酸（%） | 0.75 | 0.78 | 0.79 | 0.87 | 0.83 |
| 蛋氨酸（%） | 0.34 | 0.37 | 0.40 | 0.44 | 0.42 |
| 蛋 + 胱氨酸（%） | 0.65 | 0.61 | 0.73 | 0.74 | 0.71 |
| 钙（%） | 3.5 | 3.70 | 3.75 | 3.8 | 3.6 |
| 有效磷（%） | 0.32 | 0.42 | 0.38 | 0.43 | 0.37 |

## 二、产蛋高峰期饲养管理

光照方案：按预产期既定光照方案执行，光照原则：不能缩短。

产蛋期要求每只鸡至少有 10 cm 采食长度，每个鸡笼至少 1 个乳头或饮水杯。注意通风，降温。每天注意观察鸡群：①精神状况及行为表现；②采食及饮水情况；③粪便的稀稠、颜色等；④产蛋率、蛋形、蛋壳质量及颜色等；⑤发病鸡和死亡鸡的临床症状及病理剖检变化。

此外，还需保持产蛋鸡舍的稳定与安静，搞好卫生消毒。高峰期如遇到疾病或其他应激性因素刺激，产蛋率会急剧下降，蛋壳质量变差，而且恢复缓慢，一般都不能达到下降前的产蛋率，直接影响鸡群的生产性能和鸡场的经济效益。

## 三、产蛋后期饲养管理

产蛋高峰过后，产蛋率逐渐下降。高产蛋鸡每周平均下降 0.5％左右。如果饲养管理各个环节工作做得较好，72 周龄产蛋率仍能保持在 75％左右。高峰期后，体重不再增加，但蛋重仍然有增加。当产蛋率正常降至 80% 以下后，日粮中粗蛋白降为 15% ～ 16%，有助于防止母鸡过肥、蛋过大、蛋壳质量变差的现象。产蛋后期应适当增加饲料的含钙量，降低日粮中有效磷水平，有助于提高蛋壳质量。

# 附录

## 蛋鸡饲养中常见问题

### 一、引种

#### 1. 商品蛋鸡能做种用吗？

由于蛋鸡育种采用 3 系或 4 系配套，商品鸡均为杂交种，杂交种留种后代分离很大，表现为产蛋性能高低不一。一般情况下，商品鸡饲养户不能自行留种，需要从种鸡场引种。

#### 2. 蛋鸡饲养期多长合适？

一般推荐蛋鸡饲养 72 周即淘汰。但饲养管理水平好的用户，蛋鸡在 72 周龄，甚至 80 周龄产蛋率依然在 80% 以上；饲养管理水平不好的用户，在蛋鸡 60 周龄产蛋率就不足 80%。饲养场常根据鸡蛋产蛋率和市场行情决定淘汰时间，但一定要留有足够的清理消毒时间保证下批鸡的饲养。

#### 3. 蛋鸡开产越早越好吗？

对于标准品种而言，开产越早，产蛋数越多，但蛋重易偏小；开产晚，产蛋数少，蛋重大。

#### 4. 鸡的品种好，产蛋性能就一定高吗？

虽然蛋鸡生产性能主要取决于蛋鸡品种，但是，饲养管理、饲料品质、鸡舍建筑工艺和环境、疫病控制好坏也是影响蛋鸡生产性能的重要因素。好的品种只有在良好的饲养管理条件下，其遗传性能才能得到很好的发挥。否则，即使品种很好，饲养管理、饲料品质、鸡舍建筑工艺和环境、疫病控制条件很差，品种性能则得不到发挥。

### 二、鸡蛋品质

#### 5. 如何判定鸡蛋的品质？

鸡蛋的物理品质主要根据鸡蛋蛋白高度和蛋黄颜色判定，鸡蛋打开后，鸡蛋白不散开，鸡蛋品质越好，同时也说明鸡蛋越新鲜。蛋黄颜色越深，鸡蛋品质越好。青绿饲料如苜蓿粉，或饲喂颜色鲜红的或深黄的玉米等叶黄素含量丰富的原料可以让鸡蛋黄颜色变深。

**6. 粉壳蛋营养价值比褐壳蛋高吗?**

粉壳蛋鸡和褐壳蛋鸡父系（父亲）来源相同，母系（母亲）一个是白壳蛋鸡，一个是褐壳蛋鸡，两者鸡蛋营养价值没有差异。

**7. 双黄蛋营养价值高吗?**

蛋黄富含氨基酸、脂肪酸、维生素和矿物质，是鸡蛋的主要营养成分富集体，所以吃鸡蛋时蛋黄是主要的营养物质。双黄蛋由于含两个蛋黄，当然营养价值会比普通蛋黄要高。

## 三、饲养管理

**8. 为何雏鸡质量非常重要？弱雏有饲养的价值吗?**

通常说，种子好，苗才壮。雏鸡质量好坏影响后续的生长发育，弱雏体质差，容易发病，死亡率高，而且发育不好，影响产蛋前的体重和将来产蛋效果。所以弱雏没有饲养的价值，应及时淘汰。

**9. 雏鸡育雏温度是根据温度计来判定吗?**

雏鸡适宜的温度通过其活动状况来判定，温度计只是参考。

**10. 温度计挂在鸡舍哪个位置比较合适?**

温度计应挂在鸡舍鸡背高度，不靠门、窗，不靠加热器的地方。

**11. 育雏通风时，鸡舍温度下降，所以要保温，可以不通风吗?**

不行，保温和通风虽然是一对矛盾，但雏鸡需要新鲜空气，需要不断加强通风，尤其是生长后期，通风量要加大，即保证提供充足的氧气；同时，有助于排除鸡舍的氨气、二氧化碳等有毒有害气体。

**12. 雏鸡前 3 天是否需要饮温开水?**

有些鸡场喜欢采用头 3 天或 1 星期给雏鸡饮温开水，实际上没有必要，但要注意不能饮凉水，饮水最好提前放在鸡舍进行预温。

**13. 饮水中是否可以添加高锰酸钾？**

过去有采用通过饮水添加高锰酸钾进行消化道消毒的做法，目前不赞赏。饮水中添加高锰酸钾容易导致雏鸡肠黏膜受损，影响发育。

**14. 如何提高雏鸡的均匀度？**

保证鸡群的饲养密度，控制疾病的发生。经常性将体重大，体重小的鸡群进行调笼，将相同体重的鸡群放在一层，通过改善体重小鸡群的饲料营养水平或饲料量提高其体重。

**15. 青年鸡何时转入产蛋鸡舍比较合适？**

通常在青年鸡 16 周龄转入产蛋鸡舍，转群过早，容易导致鸡群从笼底钻出，出现跑鸡现象。转群过晚，影响鸡群开产时间。

**16. 何时加光照？灯泡功率如何考虑？灯泡如何布置？**

一般在鸡群 16 周龄转群后即加光照，加光照过早容易导致鸡群开产过早、产小蛋、脱肛多；加光照过晚，容易出现鸡群开产过晚、鸡蛋过大、脱肛多。

鸡舍尽量采用多个低功率灯泡保证鸡舍各个位置的光照强度一致。

灯泡应安装在鸡蛋的走道位置，有几个走道，安装几排灯。不同排之间灯泡不能完全并排排列，位置进行错开排列，即让灯呈现梅花状分布，避免有些位置光照过强，有些位置形成暗区，光照强度不够。

**17. 早晨不加光照，只在晚上加是否可行？**

不行，因为不同季节天亮时间不同，如果仅在晚上加光照，容易造成早晨的开灯时间不同，导致产蛋期光照缩短，产蛋下降，或光照延长然后又缩短，光照时间不恒定，影响产蛋。

**18. 为何蛋鸡没有产蛋高峰或高峰持续时间不长？**

出现此问题的原因主要是母鸡体重发育不好，达不到标准，产蛋不能发挥其潜力；即使平均体重符合要求，但鸡群均匀度过低，产蛋前不足 85%，导致开产时间不一致，有些鸡开产早，有些鸡开产晚，没有高峰，或高峰维持时间不长。另外，还与鸡群健康状况有关，如果感染衣原体病、输卵管炎、传染性支气管炎等病，产蛋高峰达不到 85%。如果鸡舍环境控制差，遇到气温突然上升或突然下降，容易导致产蛋减少，影响产蛋高峰维持时间。

## 四、饲料营养

### 19. 粉壳蛋鸡与褐壳蛋鸡饲料是否有区别？

由于目前国际上并没有针对粉壳蛋鸡制定相应的营养标准，粉壳蛋鸡饲料营养均采用褐壳蛋鸡营养标准。

### 20. 青年鸡趾间开裂，出血是何原因？

B 族维生素中泛酸、叶酸和生物素不足均会导致青年鸡在冬天趾间出现开裂、出血。应提高 B 族维生素添加量或额外补充水溶性维生素。

### 21. 蛋鸡采食量下降是何原因？

如果饲料能量水平、鸡舍温度变化时，采食量则发生变化。通常饲料能量水平低（如玉米水分大、麦麸多、饲料蓬松），蛋鸡的采食量大；鸡舍温度低（如冬季）采食量大；夏季鸡舍温度高于 30℃，采食量下降。鸡群发病时，采食量常常迅速下降。因而，认真记录鸡群每天的喂料量，根据鸡数计算日均采食量，可以根据采食量是否有剧烈的变化判断鸡群的健康状况。

### 22. 为何新玉米上市时，鸡蛋产蛋率容易下降？

新玉米中富含抗性淀粉、果胶等抗营养因子，影响鸡群对玉米中营养素的消化吸收，造成营养不足。

### 23. 如何根据饲料转化率判定经济效益？

料蛋比数值越低，产蛋性能越好，越经济；否则，产蛋性能差，不经济。

### 24. 鸡蛋上容易粘鸡粪是何原因？

可能与鸡饲料中应用葵花粕、小麦等非淀粉多糖含量高的原料有关；同时，没有添加非淀粉多糖酶或添加效果不好。

### 25. 喂玉米所产鸡蛋的营养价值比喂饲料的高吗？

目前，在北京郊区，很多养殖户强调柴鸡不能喂饲料，只能喂玉米。由于玉米是单一的能量饲料，蛋白质、矿物质包括维生素含量均不足，只喂玉米容易导致鸡群营养不全面，导致啄肛、啄羽比较严重。鸡蛋的营养价值通过食物获取，因而，其营养价值可想而知，但不可否认，仅喂玉米的蛋鸡，通常情况下，由于玉米富含叶黄素，鸡蛋相对比较黄，蛋黄浓度也高。

26. 蛋鸡啄肛、啄羽是何原因?

实际上，从雏鸡开始即会出现啄尾、啄肉癖，一般是密度太大、光照过强造成。成年鸡啄肛、啄羽与鸡舍遮阳效果差、光线过强有关；同时，如果饲料营养不足，缺乏含硫氨基酸、矿物质、维生素均会引起啄癖。饲养密度过大也容易诱发啄癖。放养鸡仅饲喂玉米出现啄癖的几率非常高，可以在饮水中添加0.5%食盐预防，但还要查找详细原因，进行对症纠正。

27. 鸡蛋太小是否能控制?

与母鸡体重和饲料粗蛋白质有关，母鸡体重大，所产鸡蛋相对也大；同时，饲料粗蛋白质含量高，尤其是含硫氨基酸高，鸡蛋个头也大。

28. 鸡蛋个头不小，但为什么没有分量?

通常说，鸡蛋没有分量即鸡蛋的比重低。鸡蛋的比重与蛋壳重量关系相当大，鸡蛋壳重量是影响鸡蛋比重的重要因素。可以通过改善矿物质、维生素的营养进行改善。

29. 为何产蛋鸡高峰后掉毛?

鸡掉毛表示鸡进入停产阶段。通常育成鸡体重差或开产过早，最典型的特征即表现鸡群高峰后掉毛。

30. 为何产蛋后期母鸡蛋黄颜色变浅?

饲喂同一饲料，蛋鸡产蛋越多，母鸡自身消耗叶黄素也越多，蛋黄颜色变浅。因而，容易表现为开产时颜色深，产蛋后期颜色浅。可以通过在饲料中添加颜色深黄的玉米蛋白粉、DDG、DDGS等改善蛋黄颜色。

31. 鸡蛋壳颜色变浅与蛋黄颜色变化是相同道理吗?

蛋壳颜色变化与蛋黄颜色变化不是一回事。正常情况下，老龄鸡鸡蛋颜色要比刚开产不久，或产蛋高峰期鸡所下鸡蛋颜色要浅。但开产不久，或产蛋高峰期鸡蛋颜色浅与下列因素有关：与品种有关，不同品种鸡蛋蛋壳色泽不同；与饲料营养有关，矿物质过高过低，或不平衡均影响蛋壳色泽；与肠道疾病有关，发生肠道炎症，影响营养物质的消化吸收，影响蛋壳的形成；与呼吸道疾病有关，发生呼吸道疾病，导致输卵管出现病变，影响鸡蛋的形成，导致颜色变浅。

### 32. 沙皮蛋是怎么回事？

通常蛋鸡饲料中矿物质（钙、磷、微量矿物质锌、锰）不足，或钙、磷不平衡，维生素 D 不足时，导致蛋壳形成受阻，引起沙皮蛋。但发生新城疫、减蛋综合征等疾病时，沙皮蛋大量增加。应根据沙皮蛋的数量分析产生原因，进行合理控制。

### 33. 开产时软皮蛋多是怎么回事？

开产时，由于母鸡排卵不稳定，容易出现一天排 2 个的现象，一个形成硬壳蛋，一个即软壳蛋。同时，排卵时如果受到惊吓，也会增加下软壳蛋的比率。所以，开产时下软壳蛋是正常行为。但高峰后软壳蛋依然多，就要认真查找原因。

### 34. 发霉饲料能喂鸡吗？发霉的玉米重新晾晒能行吗？

发霉饲料能产生黄曲霉毒素等多种对蛋鸡、对人有危害的毒素，所以，饲料发霉了不能饲喂。

玉米发霉后霉菌产生毒素，通过晾晒不能消除毒素，因此，发霉的玉米即使重新晾晒也不能再饲喂。

### 35. 为了控制蛋鸡拉稀，经常添加抗生素行吗？

当前，在我国很多地区养殖户为了控制蛋鸡拉稀，常常在蛋鸡饲料中添加抗生素减少蛋鸡拉稀。实际上，这种方法不赞赏，应认真查找拉稀的原因。要看是营养性拉稀，还是疾病性拉稀；是饲料霉变导致，还是饲料被其他原因污染。同时，也要查找饮水水质是否符合要求。添加抗生素容易导致抗生素在鸡蛋中残留，对人的健康不利，可以采取添加酸化剂、微生态制剂的方式进行控制。

### 36. 饲喂蛋鸡是用预混料、浓缩饲料，还是购买全价料合适？

当前，我国蛋鸡生产由于规模小，自己生产饲料没有条件，但蛋鸡场多分布在农区，玉米就近购买方便。因而，很多养殖户采用购买预混料，添加蛋白质饲料、玉米、石粉的方式自行配制饲料；或购买浓缩饲料，添加玉米、石粉的方式生产蛋鸡饲料，从减少玉米输运的角度来说，这种自行配料的方式有助于降低成本。但有时相反，使用配合饲料价格更便宜。相对来说，一定规模的饲料厂可以利用雄厚的资金在新原料上市时大量采购，或全国范围内直接采购，原料价格存在优势；同时，饲料厂有饲料质量化验、检测设备，对饲料原料的营养价值和安全性控制比较好，同时，饲料厂有专业性的技术人员对饲料配方和生产控制比较好，使用全价饲料更有利于降低饲料成本和控制产品品质。

## 五、防疫、疾病控制

### 37. 为何鸡场要灭鼠？如何灭鼠？

因为鼠类容易传播疾病和污染饲料，一颗鼠粪含沙门氏菌可达 25 万个，是容易传播鸡白痢的重要因素。

### 38. 为何鸡场不能随便参观？参观时有无简单的防疫措施？

参观人员容易把鸡传染病带入被参观场，禁止随便参观是切断转染病传染源的主要途径。

参观时严格的鸡场消毒太复杂，最简单的防疫措施是换鞋或套鞋套，避免参观人员将其他地方病原微生物带入。

### 39. 育雏舍倒不开，可以一栋鸡舍饲养多批雏鸡吗？雏鸡舍和成年鸡舍相隔不足 10 m 可行吗？

多批鸡群同时饲养容易导致大龄鸡群通过粪便将病毒排入环境，引起幼龄鸡群感染，尤其是容易传染呼吸道疾病，因此，一栋鸡舍不可以饲养多批雏鸡。

由于雏鸡免疫少，疾病抵抗能力差，容易感染疾病，雏鸡舍最好离成年鸡舍 50 m 以上更有利，不足 10 m 是不可以的。

### 40. 断喙能和免疫同时进行吗？或免疫后1天即断喙，或断喙后1天进行免疫？

不能同时进行。断喙给鸡造成很大应激，容易影响鸡群抗体的产生。因而，断喙和免疫最好错开3天以上时间进行。

# 第二篇

# 肉鸡饲养管理技术

# 第一章 肉鸡品种及生产性能

## 第一节 肉鸡品种

中国的白羽肉鸡品种都是从国外引进的，以引进祖代为主。目前引进品种主要来自三大育种公司：一是美国科宝公司，其主要品种有科宝500、艾维茵48和科宝700。品种特点是肉鸡性能好，主要表现在增重速度快、饲料转化率高、出肉率高和死亡率低；二是美国安伟杰公司，其主要品种有罗斯308、罗斯508和爱拔益加等；三是法国哈巴德公司，其主要品种是哈巴德。

### 一、艾维茵

艾维茵是目前世界上最优秀的肉食鸡品种之一，具有生长快、出肉率高、耗料少、抗病力强等特点。该品种鸡外观羽毛白色，生长发育快，从雏鸡到成鸡仅需7周左右。对球虫病、大肠杆菌、慢性呼吸道病、腹水病等有较强抵抗力。商品代肉仔鸡7周龄公母平均体重为2.45 kg，耗料增重比为1∶1.89。

## 二、爱拔益加

爱拔益加肉鸡简称 AA 肉鸡，该品种由美国爱拔益加家禽育种公司育成，四系配套杂交，白羽。特点是体型大，生长发育快，饲料转化率高，适应性强。因其育成历史较长，肉用性能优良，为我国肉鸡生产的主要鸡种。

爱拔益加祖代父本分为常规型和多肉型（胸肉率高），均为快羽，生产的父母代雏鸡翻肛鉴别雌雄。祖代母本分为常规型和羽毛鉴别型，常规型父系为快羽，母系为慢羽，生产的父母代雏鸡可用快慢羽鉴别雌雄；羽毛鉴别型父系为慢羽，母系为快羽，生产的父母代雏鸡需翻肛鉴别雌雄，其母本与父本快羽公鸡配套杂交后，商品代雏鸡可以快慢羽鉴别雌雄。

爱拔益加父母代种鸡入舍母鸡产蛋数为 184 枚，产蛋后期体重为 3.45 ～ 3.72kg，平均孵化率 85% 以上，商品代肉仔鸡 6 周龄平均体重为 2.52kg，耗料增重比为 1∶1.85。

## 三、科宝 500

肉鸡科宝 500 品种为当今比较优秀的宽胸型快大白羽肉鸡，为艾维茵肉鸡系列品种，由北京大发畜产公司、正大集团和美国科宝公司精心培育、推出的最新肉鸡品种，具有体型大、生长快、产胸肉比例高、饲料报酬高、抗病力强等诸多特点。在理想条件下，45 日龄公母混养出栏体重可达 2.87kg，耗料增重比 1.82∶1，成活率 98% 以上。正常情况下，40 日龄公母混养出栏体重可达 2.35kg 以上，耗料增重比 1.85∶1 以下，成活率 96% 以上。

## 四、罗斯 1 号肉鸡

罗斯 1 号由英国罗斯公司育成。该鸡共分为 4 个品系，分别为 1、4、7、8。1 系和 4 系特点：白羽，快生羽，黄皮肤，黄腿，单冠，有些为豆冠。7 系特点：白羽，慢生羽，黄皮肤，黄腿，单冠。8 系特点：白羽，快生羽，有些羽毛呈烟灰色，黄皮肤，黄腿，少许黑色，单冠。罗期1号肉鸡不仅生长快，而且具有伴性遗传。品系1、4、8的父母代公鸡为快生羽，品系7的父母代母鸡为慢生羽，根据交叉遗传的原理，商品代肉仔鸡可自别雌雄。

## 五、罗斯308

罗斯308为隐性白羽肉鸡，实际上是属于快大白羽肉鸡中的某些品系，是从白洛克（或白温多得）中选育出来的。该鸡种除具有快大肉鸡的主要性状外，其特点是其羽毛的白色为隐性性状。早在20多年前，我国的家禽科技人员就开始了对隐性白羽肉鸡品系的研究并取得了很好的成绩。在20世纪90年代，我国大量从国外引进隐性白种鸡，主要用于与国内的鸡种进行配套，以三元杂交为主的方式生产优质黄羽肉鸡。这种杂交鸡以广东省的“白云288”为代表，迅速形成了独具特色的广东三黄鸡的模式，先后出现了“新兴黄”“康达尔”“江村黄”和“岭南黄”等系列化的配套系鸡种，并很快达到了规模化生产水平。这种组配方式克服了国内地方鸡种产蛋少、生长慢的缺点，保留了黄羽、黄腿和黄皮肤的特征，其父母代的产蛋量得到明显提高，而其商品代的生长期也显著缩短。

## 六、狄高肉鸡

由澳大利亚狄高公司育成。该鸡父本有2个，一个是TM70，为白羽，另一个是TR83，为黄羽；母本只有1个，为浅褐色羽。商品代的颜色、命名皆随父本。狄高黄鸡同我国地方良种鸡杂交，其后代生产性能高，肉质好，很受欢迎。

## 七、哈巴德肉鸡

原产于美国哈巴德公司。该肉鸡不仅生长速度快，而且具有伴性遗传，通过快慢羽自别雌雄，出壳雏鸡公鸡主翼羽长度相等或短于副主翼羽，小母鸡则主翼长于副主翼羽。该鸡羽毛为白色，蛋壳褐色。

# 第二节 肉鸡生产性能

## 一、主要商品肉鸡生产性能

以爱拔益加及科宝500商品肉鸡为例，其商品代生产性能见表1–1、表1–2。

表1–1 爱拔益加公母混饲商品肉鸡生产性能参考

| 周龄 | 体重（g） | 每周增重（g） | 耗料 | | 耗料增重比 |
|---|---|---|---|---|---|
| | | | 每周（g） | 累计（g） | |
| 1 | 179 | 137 | 163 | 163 | 0.910 |
| 2 | 450 | 271 | 365 | 528 | 1.173 |
| 3 | 868 | 418 | 631 | 1 159 | 1.335 |
| 4 | 1 406 | 538 | 921 | 2 080 | 1.479 |
| 5 | 2 013 | 607 | 1 186 | 3 266 | 1.622 |
| 6 | 2 637 | 624 | 1 389 | 4 655 | 1.765 |

表1–2 科宝500商品肉鸡生产性能参考

| 周龄 | 体重（g） | | | 累计耗料 | | | 耗料增重比 | | |
|---|---|---|---|---|---|---|---|---|---|
| | 公鸡 | 母鸡 | 混雏 | 公鸡 | 母鸡 | 混雏 | 公鸡 | 母鸡 | 混雏 |
| 1 | 170 | 158 | 164 | 142 | 138 | 140 | 0.836 | 0.876 | 0.856 |
| 2 | 449 | 411 | 430 | 470 | 440 | 455 | 1.047 | 1.071 | 1.059 |
| 3 | 885 | 801 | 843 | 1 100 | 1 025 | 1 063 | 1.243 | 1.28 | 1.261 |

（续表）

| 周龄 | 体重（g） | | | 累计耗料 | | | 耗料增重比 | | |
|---|---|---|---|---|---|---|---|---|---|
| | 公鸡 | 母鸡 | 混雏 | 公鸡 | 母鸡 | 混雏 | 公鸡 | 母鸡 | 混雏 |
| 4 | 1 478 | 1 316 | 1 397 | 2 095 | 1 941 | 2 020 | 1.417 | 1.475 | 1.446 |
| 5 | 2 155 | 1 879 | 2 017 | 3 381 | 3 106 | 3 249 | 1.569 | 1.653 | 1.611 |
| 6 | 2 839 | 2 412 | 2 626 | 4 827 | 4 389 | 4 621 | 1.700 | 1.820 | 1.760 |

注：体重包含消化道内容物；耗料增重比未计算鸡只死淘

## 二、商品肉鸡生产特点

商品肉鸡的生产具有以下的特点：一是生长速度快；二是饲料转化率高；三是饲养周期短；四是抗病力强；五是适合工厂化、规模化生产。

# 第二章 养鸡场生物安全体系

## 第一节 生物安全概念

### 一、生物安全

养殖场生物安全这一新概念已越来越受到养殖业生产者的高度重视。一般认为，生物安全措施可以看作是传统的综合防治或兽医卫生措施在集约化生产条件下的发展，也就是通过各种手段排除疫病的威胁，保证养殖业持续健康的发展。总的目标是保持畜群的高生产性能，发挥最大的经济效益。

疫病发生有3个基本要素，即病原体、易感动物和传播途径，三者之间相互联系和相互作用。通过完善养殖场舍工艺设计，建立对动物健康有利的生态环境，改善环境、营养和管理措施，可使动物体质加强，并和疫苗免疫、药物治疗组成疾病防治的三角体系。在整个生产系统和生产过程中，贯彻生物安全措施，防止在集约化饲养条件下疾病的发生和流行显得尤为重要。

养鸡场生物安全体系主要包括以下几部分：养鸡场的选址与建设、严格的隔离制度、健全的疫病控制措施和卫生消毒制度等。

## 二、动物传染性疾病及发生的因素

动物传染病是危害规模化或集约化养殖发展和人类健康的最重的疾病种类，除造成患病动物大批发病、死亡外，还导致动物群的生产性能下降、治疗或扑灭费用增加以及动物产品质量下降，对动物及其产品国际贸易也具有极大的负面影响。

发生传染病有三大因素：传染源、传播途径和易感动物。建立生物安全体系的控制措施（图 2-1），其目的就是消灭传染源（病毒）、切断传播途径，通过免疫来提高机体的免疫抗体滴度。

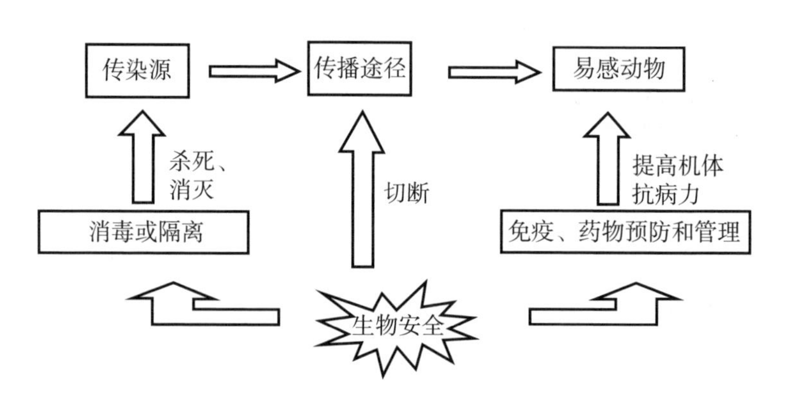


图 2-1　生物安全体系示意

# 第二节 鸡场选址与布局

规模养殖场和养殖小区建设时在选址和布局上要符合生物安全建设要求。

## 一、建场环境

养鸡场建设应独立、封闭（图 2–2）及利于防疫。同时，应注意以下几个方面：一是鸡场一般选在背风向阳、地势高燥的位置，利于鸡舍的保温和通风，便于生物安全体系实施。二是鸡场应该交通便利，节约能源，周围没有污染源，既保证鸡群健康，又保证食品安全。三是鸡场应该远离居民区；应远离畜、禽生产场所和相关设施；注意避免在原有旧禽场上建场和扩建，特别注意应远离兽医站、畜牧养殖场、集贸市场、屠宰场至少 3 km。四是鸡场应远离集贸市场和交通要道；远离大型湖泊和候鸟迁徙路线。

图 2–2　养鸡场独立、封闭

## 二、供水和供电条件

要求小区要有独立的供水系统，能够提供充足、无污染、水质符合人用饮水标准的饮用水和清洗消毒用水，且小区要有独立的供电系统，并根据选择的用电设备确定供电电压和供电量。

## 三、排水条件

从防疫角度和环保角度考虑，场内冲洗消毒和生产生活污水需经过处理后统一排放。

## 四、养殖规模

为了达到全进全出、安全防疫体系的要求，小区饲养规模每批鸡应控制在 5 万～ 10 万只，一个小区建设鸡舍 5 ～ 10 栋，每栋饲养肉鸡 10 000 ～ 12 000 只。养殖小区之间距离最低不少于 3 km。

## 五、场内布局

生活区与生产区要严格分开。生活区要建造在上风向，设有喷淋、洗浴消毒设施；生产区的净道、污道要严格分开。

按地势、风向分区规划示意参见图 2–3。

单列鸡舍布局示意见图 2–4。

双列鸡舍布局示意见图 2–5。

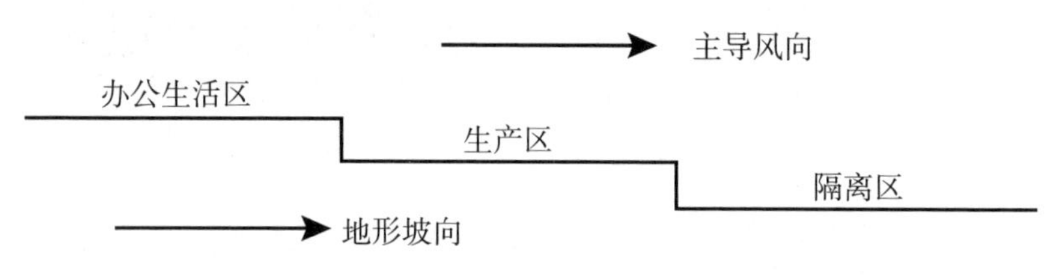


图 2–3　按地势、风向分区规划示意

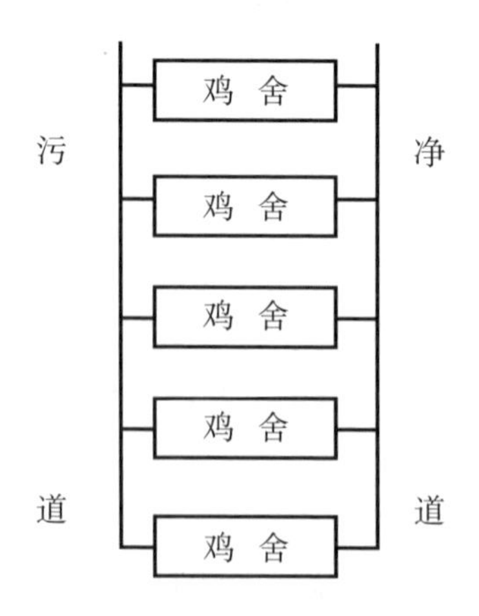


图 2–4　单列鸡舍布局示意

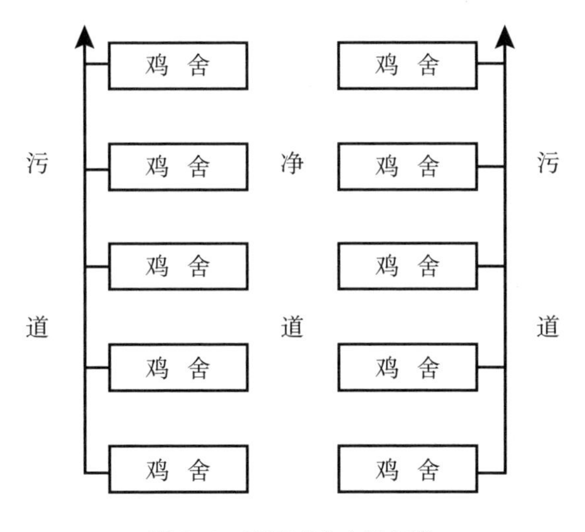


图 2–5　双列鸡舍布局示意

# 第三节 生物安全体系控制措施

## 一、隔离措施

当鸡群发生异常情况时，要在第一时间内采取隔离措施。隔离的目的是将发生疫病的鸡群完全控制在一定的范围之内，使得疫病不再进一步传播和扩散，切断传播途径，保证其他正常的鸡群维持安全的生产。主要隔离措施有以下几个方面。

一是封场管理，严格控制人流、物流。

二是发病的栋舍设专人管理。

三是全场环境消毒，间隔一天消毒一次。

四是鸡舍内环境改善，做好通风换气、带鸡消毒工作。

五是取样检测，及早诊断和治疗。

六是根据检测结果采取药物积极预防与治疗。

## 二、全进全出制饲养

应严格执行全进全出的饲养方式；避免不同品种、不同来源的鸡混养；尽量做到免疫状态相同、日龄相同、来源相同。

全进全出制饲养方式对于集约化养禽场显得尤其重要，这是减少集约化鸡场发病的重要措施，是生物安全体系的重要组成部分。

## 三、严格的兽医监测体系

严格的兽医监测体系主要包括两个方面。

一是源头控制。包括：种鸡的质量控制（病理剖检记录、垂直传染病的监测），种蛋质量的控制，孵化厅环境检测，雏鸡质量的控制（外观检查、雏鸡微生物学检测）。

二是过程控制。包括：免疫效果控制，消毒效果检测（洗澡更衣系统、鸡舍空气和饮水等消毒效果检测），疫病诊断，药残监测。

## 四、严格的防疫消毒制度

### （一）消毒的方法

#### 1. 物理消毒

物理消毒主要有 3 种方式：①机械性清扫、洗刷和通风换气；②干燥以及日光、紫外线和微波照射；③高温消毒，通过照射、高温灭菌等达到杀灭病原体的目的。

#### 2. 化学消毒

在疫病防制过程中，常常利用各种化学消毒剂对病原微生物污染的场所、物品等进行清洗、浸泡、喷洒、熏蒸，以达到杀灭病原体的目的。有带鸡消毒、饮水消毒、熏蒸消毒、环境消毒等方式。

### 3. 生物热消毒

生物热消毒是指通过堆积发酵、沉淀池发酵、沼气池发酵等产热或产酸，以杀灭粪便、污水、垃圾及垫草等内部病原体的方法。

在发酵过程中，由于粪便、污物等内部微生物产生的热量可使温度上升达70℃以上，经过一段时间后便可杀死病毒、病原菌、寄生虫卵等病原体，从而达到消毒的目的；同时由于发酵过程还可改善粪便的肥效，所以生物热消毒在各地的应用非常广泛。

## （二）卫生防疫制度

防疫制度主要包括以下几点：①严格制定和执行肉鸡免疫程序；②严禁外来人员、车辆进入小区；③严禁在生产区内进行病死鸡剖解；④严禁使用和食用病、死、淘汰鸡或禽类制品；⑤小区内生产、生活垃圾、病死鸡等制定统一的存放点，定时清理、消毒；⑥出栏完毕，生产废弃物一律远距离堆放，并且于下批次进鸡前清除干净；⑦小区（农户）的净道和脏道要严格分开；⑧各栋饲养员不得会客，不能串栋，不得聚众聊天；在饲养期内必须有人盯岗，不得有脱离岗、无人等现象；人员进出栋舍必须消毒，踩消毒池（盆）。

## （三）消毒制度

消毒制度主要包括以下几点：①小区大门口和各栋舍入口必须设消毒池（盆）；②小区每周两次环境消毒（用3%火碱水）；③小区内部干净、整洁，没有卫生死角；设有公共垃圾存放点；厕所每天清扫、消毒；④鸡群饮水添加合理的消毒液（免疫前、中、后三天停用）；⑤栋舍内部坚持每天带鸡消毒；⑥每周清洗一次水箱，每次用药后都要反冲水线，以防因药物黏度堵塞水线影响鸡只的正常饮水；⑦每天擦洗、消毒饮水器两遍（免疫时不消毒），每周清洗一次水线；⑧出栏完毕，小区进行统一的垫料、垃圾清理，进行统一的栋舍冲洗、消毒工作，做到场区内、栋舍内不残留一点羽毛、鸡粪等污染物。

# 第三章
# 肉鸡饲料与营养

## 第一节
## 肉鸡饲料特点及营养

### 一、肉鸡饲料特点

非动物源性特点：肉鸡饲料的主要成分是玉米和豆粕，这两种植物源性原料占总比重的75%～85%，其他原料还有维生素、矿物元素、氨基酸等，这些都是非动物源性原料。

全价特点：肉鸡饲料是通过专业营养师参照育种公司推荐的最新营养标准进行科学配制的，是营养全面、平衡合理的全价饲料，不含任何激素和国家法律禁止的各种抗生素和化学药品。

### 二、肉鸡饲料营养

肉鸡的饲料营养要求在满足肉鸡对能量、蛋白质和氨基酸、矿物质常量和微量元素、维生素、胆碱、亚油酸等营养素需求的条件下，选择优质原料如玉米、豆粕、氨基酸、维生素、矿物质常量和微量元素，利用配方软件设计出符合肉鸡生长规律和生理需求的饲料配方，再通过现代化饲料加工厂生产出优质肉鸡饲料。

# 第二节 肉鸡饲料配方

肉鸡饲料配方中常用的原料包括玉米、豆粕、维生素、矿物质常量和微量元素等。玉米是肉鸡饲料最常用的能量饲料原料，主要提供能量，还提供少量蛋白质、氨基酸及其他营养素；豆粕是肉鸡饲料最常用的蛋白质饲料原料，主要提供蛋白质和氨基酸，同时提供少量能量及其他营养素。肉鸡饲料原料主要分为能量饲料、蛋白质饲料、矿物质饲料、饲料添加剂四大种类。

## 一、能量饲料

按国际饲料分类的原则，饲料干物质中粗纤维含量小于 18%、蛋白质含量小于 20% 的饲料为能量饲料。能量饲料主要指动、植物油脂和谷物籽实及其加工副产品。能量饲料是供给肉鸡能量的主要来源，在日粮中所占比例约 50% ～ 80%。

### 1. 玉米

玉米含能量高，每千克玉米含代谢能平均为 13.8 MJ，蛋白质含量少，为 7.2% ～ 9.3%，平均为 8.6%，蛋白质的品质也较差，赖氨酸和色氨酸含量较低，赖氨酸平均含量为 0.25%，蛋氨酸 0.15%。含钙少、磷多，但磷的利用率低。玉米中脂肪含量高于其他籽实类饲料，且脂肪中不饱和脂肪酸含量高，因而玉米粉碎后易腐败变质，不宜长期保存。黄玉米中含有较高的胡萝卜素和叶黄素，有利于肉鸡皮肤和脚、喙着色。玉米中维生素 E 含量较高，B 族维生素除维生素 $B_1$ 丰富之外，其他的维生素含量低，玉米中不含有维生素 D 和维生素 $B_{12}$。

### 2. 小麦

小麦能量含量与玉米相近，蛋白质含量高于玉米，为 13%，氨基酸组成比玉米好，B 族维生素含量丰富。小麦除了主要用于人类食物，还可少量替代玉米用作饲料。

### 3. 高粱

去皮高粱代谢能含量和玉米相近，蛋白质含量因品种不同而差异较大，为 8% ～ 16%，平均为 10%，精氨酸、赖氨酸、蛋氨酸的含量略低于玉米，色氨酸和苏氨酸含量略高于玉米。含胡萝卜素少，B 族维生素含量与玉米相似，烟酸含量较多但利用率低。高粱中含有单宁，使高粱味道发涩，适口性差，降低了能量和氨基酸的利用率。单宁一般在高粱种皮中含量较高，并因品种而异，颜色深的高粱单宁含量高。一般高粱在配合饲料中的用量为 5% ～ 15%，低单宁高粱的用量可多一些，高单宁高粱的用量可少些。

### 4. 大麦

大麦能量含量低于小麦，蛋白质含量为 12% ～ 13%，赖氨酸、蛋氨酸、色氨酸含量高于玉米，钙、磷含量与玉米相似，胡萝卜素和维生素很少，维生素 $B_1$、烟酸丰富，核黄素少。大麦有坚硬的外壳，粗纤维含量较高，肉鸡对大麦消化利用率较低。

### 5. 燕麦

燕麦蛋白质含量约为 12%，蛋白质品质比玉米好，燕麦外壳占整个籽实的 1/3，粗纤维含量高，约为 9%，能量含量低于玉米。肉鸡对燕麦的消化利用率低，在肉鸡饲料中要控制其用量。

### 6. 小米

小米含能量与玉米相近，蛋白质含量高于玉米，适口性好。

### 7. 糙米

稻谷去外壳后为糙米，能量和消化率与玉米相似，蛋白质含量略高于玉米，适口性好。

### 8. 小麦麸

小麦麸又称麸皮，是加工面粉过程中的副产品，麸皮营养价值因加工工艺而不同，麸皮含粗纤维 8.5% ～ 12%，平均 9%；无氮浸出物约为 58%，每千克小麦麸含代谢能 6.56 ～ 6.90 MJ。粗蛋白质含量为 13%～15%；赖氨酸含量较高，约为0.67%；蛋氨酸含量低，约为0.11%。B 族维生素含量丰富。麸皮中磷含量很高，约为 1%。麸皮具有比重轻、体积大的特点，且具有轻泻作用，一般肉鸡饲料中麸皮的用量要控制。

### 9. 米糠

米糠是加工大米过程中的副产品，米糠中不含有稻壳，粗灰分含量为 8% ～ 10%，粗纤维为 6% ～ 7%，无氮浸出物小于 50%，蛋白质含量 13%，粗脂肪含量 15% ～ 16%，每千克代谢能为 10.67 MJ，米糠中脂肪含量高，且不饱和脂肪酸比例高，因此米糠易腐败变质，不易贮藏。

### 10. 脂肪

脂肪分为动物性脂肪和植物性脂肪两种，添加到饲料中以提高饲料能量的浓度。动物性脂肪用作饲料的有牛、羊、猪、禽脂肪，代谢能值为 29.7 ～ 35.6 MJ/kg；植物性油脂包括玉米油、花生油、葵花油、大豆油等，代谢能值为 34.3 ～ 36.8 MJ/kg。

## 二、蛋白质饲料

蛋白质饲料是指蛋白质含量在 20% 以上，粗纤维含量少于 18% 的饲料。

### 1. 大豆饼粕

大豆饼粕是大豆籽实提取油后的残渣，一般油料籽实通过压榨法提取油后的副产品叫“饼”，通过溶剂浸提或先压榨后浸提后的副产品为“粕”。饼中含油量高，为 5% ～ 8%，粕中含油量低，一般小于 1%，而饼中蛋白质低于粕中蛋白质含量。大豆饼粕是肉鸡最好和最主要的植物性蛋白质原料，其含蛋白质 40% ～ 48%，蛋白质品质较好，赖氨酸含量高（约为 2.5%），蛋氨酸含量相对较低，应注意补充蛋氨酸。大豆饼粕适口性好，加热处理的大豆饼粕氨基酸利用率高于其他饼粕饲料。大豆饼粕中含有抗营养因子如抗胰蛋白酶等，抗胰蛋白酶抑制胰蛋白酶活性，直接影响蛋白质的消化利用。抗胰蛋白酶可被热破坏，因此，要注意大豆饼粕的生熟度。

2. 棉籽饼粕

棉籽经脱壳之后压榨或浸提后的残渣叫棉仁饼粕，带壳压榨或浸提后的残渣叫棉籽饼粕。棉籽饼粕含粗蛋白质 17% ～ 28%，氨基酸组成差，利用率低，粗纤维含量为 11% ～ 20%。棉仁饼粕含粗蛋白质为 39% ～ 42.5%。棉籽中含有对肉鸡健康有害的物质如棉酚和环丙烯类脂肪酸，应用时要进行脱毒处理并控制其在配合饲料中的使用量，一般用量为 3% ～ 7%。

3. 菜籽饼粕

菜籽饼粕是菜籽榨油后的残渣。蛋白质含量 33% ～ 38%，氨基酸利用率低，适口性差，同时菜籽饼粕中含有硫葡萄糖苷，这种物质水解产生异硫氰酸盐和恶唑烷硫铜，这两种物质对肉鸡有危害，饲喂时应注意。一般用量在 3% ～ 10%。

4. 花生饼粕

花生饼粕是花生仁榨油后的残渣。蛋白质含量为 42% ～ 48%，蛋白质品质差，赖氨酸和蛋氨酸含量低，精氨酸和组氨酸含量高。花生饼粕适口性好，肉鸡喜食，但花生饼粕氨基酸不平衡，不宜做肉鸡的蛋白质饲料。花生饼粕在储藏过程中易发霉，这一点要注意。

5. 芝麻饼粕

芝麻饼粕是芝麻榨油后的残渣。蛋白质含量 40% 左右，蛋氨酸含量高，赖氨酸含量低，一般在配合饲料中用量为 5% ～ 10%。

6. 葵花仁饼粕

葵花仁饼粕是葵花仁榨油后的残渣。优质葵花仁饼粕含粗蛋白质 40% 以上，粗脂肪 5% 以下，粗纤维小于 10%，B 族维生素含量较高。在配合饲料中的用量为 10% ～ 20%。

### 7. 玉米胚芽和玉米蛋白粉

玉米胚芽和玉米蛋白粉是玉米提取淀粉后的副产品，蛋白质含量30%～60%，是比较优质的蛋白质原料。

## 三、矿物质饲料

矿物质饲料是为了补充植物性和动物性饲料中某种矿物质不足而利用的一类饲料。肉鸡所需各种矿物质元素在各种天然饲料内均存在，但肉鸡常用饲料中钙、磷等矿物质元素含量不能满足肉鸡的营养需要，应在饲料中补加。

### 1. 骨粉

骨粉是动物杂骨经脱脂、脱胶、干燥和粉碎加工后的粉状物。骨粉中含有丰富的钙和磷，一般含磷13%～15%，钙31%～32%。饲料中添加骨粉主要用于补充磷不足。

### 2. 磷酸盐（磷酸氢钙、磷酸钙和过磷酸钙）

磷在肉鸡饲料中广泛应用，磷酸氢钙含磷18%，钙23.2%；磷酸钙含磷20%，钙38.7%；过磷酸钙含磷24.6%，钙15.9%。这类磷酸盐矿物质饲料既补充磷又补充钙。使用时要注意氟含量，以免引起肉鸡氟中毒。同时，注意重金属含量不要超标。

### 3. 石粉、贝壳粉

石粉和贝壳粉是常用的含钙饲料，石粉含钙34%～38%，贝壳粉含钙38%。

### 4. 食盐

食盐主要用于补充肉鸡体内的钠和氯，注意不要补充过量，否则会引起中毒，一般用量为0.3%～0.5%。

## 四、饲料添加剂

饲料添加剂是为了满足肉鸡的某种特殊需要，完善日粮的全价性，采用多种不同方法添加到饲料中的某些少量或微量的营养性和非营养性物质。饲料添加剂作为配合饲料的重要组成部分，具有提高词料利用率、改善日粮的适口性、促进肉鸡生长发育、防治某些疾病、减少饲料贮藏期间营养物质的损失或改进产品品质等作用，是配合饲料的核心。

1. 微量元素添加剂

肉鸡日粮中必须添加微量元素，在饲料中添加微量元素时，不仅要考虑肉鸡的需要量及各元素之间的协同和拮抗作用，还要了解各地区微量元素分布特点和所用饲料中各种微量元素的含量，以防中毒。组成微量元素添加剂的原料是含有微量元素的化合物。常用的微量元素添加剂原料有硫酸盐类、碳酸盐类、氧化物、氯化物等，此外还有微量元素的有机化合物。在使用微量元素添加剂时，应了解常用的微量元素化合物及其活性成分含量、微量元素化合物的可利用性及其规格要求。

2. 维生素添加剂

维生素 A：维生素 A 的纯化合物是视黄醇，由于其不稳定易氧化，为增加其稳定性，市场上销售的维生素 A 添加剂是维生素 A 酯化后经微型胶囊包被的产品。因为酯化所用的有机酸不同，有醋酸、棕榈酸、丙酸等，所以维生素 A 酯化物的活性成分含量也不一样，有每克 50 万国际单位的，也有 20 万和 60 万国际单位的。

维生素 D：维生素 D 有维生素 $D_2$ 和维生素 $D_3$ 两种，维生素 $D_3$ 适用于肉鸡。维生素 $D_3$ 为胆钙化醇，不稳定易被破坏，但经酯化后，经明胶、糖、淀粉包被后，稳定性增加。常见的维生素 $D_3$ 添加剂的活性成分含量为每克 50 万国际单位或 20 万国际单位。

维生素 E：维生素 E 添加剂多为 DL- 生育酚醋酸酯，商品纯度为 50% 或 25%。

维生素 K：商品用维生素 K 是维生素的衍生物，维生素 K 添加剂的活性成分为甲萘醌，市场上销售的维生素 K 添加剂有：亚硫酸氢钠甲萘醌，有效成分含量为 50%；亚硫酸氢钠甲萘醌复合物，有效成分含量为 25%；亚硫酸二甲嘧啶甲萘醌，有效成分含量 50%。

维生素 $B_1$：用作维生素 $B_1$ 添加剂的有硫胺素盐酸盐和硫胺素硝酸盐，

硫胺素硝酸盐更稳定一些，活性成分含量为 96% ～ 98%。

维生素 $B_2$：维生素 $B_2$ 添加剂的活性成分含量分别为 96%、80%、55% 和 50%。

维生素 $B_3$：又名泛酸。商品制剂为 D- 泛酸钙，纯度为 98%，也有稀释至 66% 或 50% 的。

胆碱：用作添加剂的是氯化胆碱。氯化胆碱有液体和固体两种，液体氯化胆碱含氯化胆碱 70% 或 75%，固体氯化胆碱含氯化胆碱 50%。1.15 mg 氯化胆碱相当于 1 mg 胆碱。

烟酸：又名维生素 $B_5$、尼克酸、维生素 PP。商品添加剂有烟酸和烟酰胺，二者活性相同，纯度为 98% ～ 99.5%。

维生素 $B_6$：又名吡哆醇，商品添加剂为盐酸吡哆醇，活性成分含量为 82.3%。

生物素：商品添加剂有效成分含量为 1% 和 2% 两种。

叶酸：商品添加剂活性成分含量为 1%、3% 或 4%。

维生素 $B_{12}$：商品添加剂活性成分含量为 1%。

维生素 C：商品添加剂活性成分含量为 99%。

#### 3. 氨基酸添加剂

蛋白质营养的实质是氨基酸营养，而氨基酸营养的核心是氨基酸之间的平衡，用合成的氨基酸添加剂来平衡或补足饲料氨基酸的不足，是提高饲料蛋白质利用率和充分利用蛋白质资源及降低日粮蛋白质水平的最好途径之一。

蛋氨酸：由于 L- 型蛋氨酸和 D- 型蛋氨酸活性相同，因此，商品蛋氨酸添加剂为 DL- 蛋氨酸。DL- 蛋氨酸的纯度为 98%，含氮量为 9.4%，粗蛋白质含量为 58.6%，代谢能为 21 MJ/kg。蛋氨酸羟基类似物（MHA）也是蛋氨酸的来源，其化学结构中虽没有氨基，但具有转化为蛋氨酸所特有的碳架，因此，有蛋氨酸的活性，为 70% ～ 80%。

赖氨酸：商品添加剂为 L- 赖氨酸盐酸盐和 L- 赖氨酸硫酸盐。L- 赖氨酸盐酸盐纯度为 98%，其中，含赖氨酸 78%，代谢能 16.7 MJ/kg；L-

赖氨酸硫酸盐纯度为65%，其中，含赖氨酸51%，代谢能8.4 MJ/kg。

4. 药物性添加剂

为了保证肉鸡的健康，发挥肉鸡的最大生产潜力，在肉鸡饲料中根据相关法律法规要求科学合理添加一些药物性添加剂，这对肉鸡生长和健康有一定的效果。

5. 饲料保存剂

饲料保存剂包括抗氧化剂和防霉剂。饲料粉碎后，其内营养物质易受到氧化和霉菌污染，使饲料利用率降低，在氧化和霉变过程中还会产生对肉鸡有害的物质，因此，要在饲料中添加抗氧化剂和防霉剂。常用的抗氧化剂有：乙氧基喹啉、二丁基羟基甲苯（BHT）、丁羟基茴香醚（BHA）。防霉剂有丙酸钙、丙酸钠、丙酸。

6. 酶类添加剂

酶是一种具有特殊性能的蛋白质，作为饲料的酶类添加剂有20多种，目前，生产的酶制剂有单一酶制剂和复合酶制剂两类。单一酶制剂主要有纤维素酶、β－葡聚糖酶、果胶酶、植酸酶、淀粉酶、脂肪酶、蛋白酶、非淀粉多糖酶等。

复合酶制剂有如下几种。

以蛋白酶、淀粉酶为主的饲用复合酶：此类酶制剂主要用于补充动物内源酶的不足。

以纤维素酶、果胶酶为主的饲用复合酶：这类酶主要由木霉、曲霉和青霉直接发酵而成，主要作用是破坏植物细胞壁，降解纤维素为还原糖，同时使细胞内营养物质释放出来，易于被消化酶作用，促进营养物质消化，并能消除饲料中的抗营养因子，降低胃肠道内容物的黏稠度，促进营养物质吸收。

以β－葡聚糖酶为主的饲用复合酶：此类酶制剂主要用于以大麦、燕麦为主的饲料。

以蛋白酶、淀粉酶、糖化酶、葡聚糖酶、果胶酶为主的饲用复合酶。

### 7. 寡聚糖

寡聚糖又称低聚糖或寡糖，是指 2 ～ 10 个单糖通过糖苷键连接形成直链或支链的一类糖。目前动物营养中研究的寡聚糖主要指不能被人和单胃动物消化腺分泌的酶分解，但对机体微生物区系、免疫功能有影响的特殊糖类。主要包括甘露寡糖、果寡糖、α－葡萄糖 003、寡乳糖、寡木糖、β－寡葡萄糖、低聚焦糖、半乳寡糖、大豆寡糖。

研究表明，动物肠道存在有微生物，根据其对动物的影响可分为有益微生物和有害微生物两类。有益微生物有双歧杆菌、乳酸菌等，其生理作用是：阻止致病菌的入侵，促进其随粪便排出，激活机体的吞噬活性，提高抗感染能力，同时这些有益微生物还可以合成 B 族维生素、挥发性脂肪酸、蛋白质等营养物质，这些营养物质可被动物吸收利用。而寡聚糖的作用是：①促进有益菌的增殖。大部分寡聚糖作为肠道有益微生物，如双歧杆菌、乳酸杆菌的碳源，而肠道中的有害微生物不能利用寡聚糖或对寡聚糖的利用力很低；②阻止致病微生物对动物机体的侵害。寡聚糖是一种非消化性低聚糖，动物体内分泌的消化酶不能消化寡聚糖，因此食入的寡聚糖不经任何分解而排出体外，如胃肠道内存在有致病微生物时，此时食入寡聚糖，胃肠道的有害微生物就与寡聚糖结合在一起而排出体外，保护了动物免遭病原微生物的侵害，可提高营养物质的吸收利用率。

动物长期食入寡聚糖不会产生任何不良影响，而且也不会在畜产品中残留，是一种安全的饲料添加剂。

### 8. 微生态制剂

微生态制剂又称为益生素，是有益微生物及其培养基质的混合物，内含有有益微生物，如乳酸杆菌、芽孢杆菌等，并且含有微生物代谢过程中产生的一些生理活性物质等。肉鸡通过直接或间接的途径从母体那里获得微生物，但在现代饲养方式下，肉鸡很难从母体那里获得有益的微生物，因为在现代饲养方式下，母鸡不孵化小鸡，直接由孵化器孵化，雏鸡无法直接接触母鸡，也就得不到有益的微生物，改变了肠道微生物的组成，有害微生物增加，不利于鸡的健康。益生素可以维持肉鸡体内正常的微生物体系的平衡，这些微生物都是有益菌，它们与肉鸡肠道内有益菌一起形成强有力的优势种群，大量增殖，通过竞争机制抑制有害的病原微生物。并且许多菌体本身就含有大量的营养物质，这些微生物被添加到饲料中，可作为营养物质被肉鸡利用，同时许多微生物可产生淀粉酶、脂肪酶和蛋白酶等消化酶，促进肉鸡生长。益生素以天然、无毒副作用、安全可靠、无残留、不污染环境等引起人们关注。

# 第四章 肉鸡饲养与管理

## 第一节 肉鸡饲养方式

根据肉鸡的生长特点，肉鸡饲养中主要有地面垫料平养、网上平养、笼养3种饲养方式。

### 一、地面垫料平养

2000年以前最普遍采用的是厚垫料地面平养法（图4-1、图4-2）。在鸡舍地面铺上6～10 cm的厚垫料，中间不更换，待一批鸡饲养结束后一起清除。对垫料来源容易的地区，这种方法简便易行，投资较少，利于积肥，适合于一般农户。缺点是单位建筑面积的饲养量较少，此外肉鸡直

图4-1　地面垫料平养实景

图 4-2　现代化鸡舍地面垫料平养鸡舍实景

接接触粪便，容易感染由粪便传播的消化道疾病、球虫病等，舍内空气中的尘埃也较多，容易发生慢性呼吸道疾病和大肠杆菌病等。目前，多数地区的养殖企业或个人已经不再选择该种养殖模式。

在地面平养中，垫料的选择和管理很重要。

### 1. 对垫料的要求

对垫料的要求主要有以下几点：①比较松软、干燥。②有良好的吸水性和释水性，既能容纳又容易随通风换气释放鸡粪尿中的大量水分。③灰尘少。④无病原微生物污染，无霉变。

### 2. 常用来作垫料的原料

常用来作垫料的原料及使用特点如下。

刨花：可作育雏用。

锯末：容易被雏鸡误食，故在育雏初期一定要将锯末用垫纸封严。

稻壳、花生壳：花生壳比较粗硬，需压制后再用或仅在中后期使用。

麦秸、稻草秸、玉米秸：必须铡成 3 ～ 6 cm 长的小段，否则肉鸡自身不能翻动，粪便都积在表面，失去了垫料的作用。

玉米芯：也是较好的垫料，但需打碎后使用。

河沙、海沙：要求沙粒较大些，可在夏季使用，也可铺在一般的垫料下使用。

### 3. 常用垫料的容水量

常用垫料的容水量见表 4-1。

表 4-1　各种垫料的容水量

| 垫料名称 | 100 g 垫料中可容纳水分（g） |
| --- | --- |
| 松木刨花 | 190 |
| 松木锯末 | 102 |
| 稻壳 | 171 |
| 花生壳 | 203 |
| 玉米芯 | 123 |
| 碎麦秸 | 275 |

### 4. 垫料的使用方法与管理

垫料在鸡舍熏蒸消毒前铺好，进雏前先在垫料上铺上报纸，以便雏鸡活动和防止雏鸡误食垫料。

对垫料要做好日常管理，在育雏初期要防止垫料过干起灰，垫料含水 25% 以下时容易起灰，可以用喷消毒药的方法增加垫料湿度。后期要防止垫料过湿结块，一方面要加强通风换气，另一方面要注意勤翻垫料，及时补充和更换过湿结块的垫料。此外，还要注意用火安全，采取措施防止垫料燃烧。

## 二、网上平养

网上平养的方法是：在距地面 60 ～ 80 cm 的架子上铺硬塑料网、金属网或竹网，同时根据鸡舍面积合理安排网床的大小和饲养管理通道，便于饲养管理。网上平养的优点是减少了肉鸡和粪便接触的机会，可及时清走粪便；舍内的氨气和尘埃量少，减少了呼吸道疾病和大肠杆菌病等的发病率，明显地提高了成活率。由于垫网比较硬，如果肉鸡体重长到 2.5kg 以上，腿病和胸部囊肿的发生率就比较高。各种网面和鸡胸部囊肿的关系：厚垫草、塑料板条网、涂塑金属网的发病率分别为 6.71%、17.6% 和 61.7%。另外，这种饲养方式要求配置合理、数量足够的料桶和饮水器，可以使鸡方便饮水和采食。

网上平养有标准化和自动化两种形式。标准化网上平养是目前大多数养殖者选择最多的一种方式，主要是因为固定投资相对较少，比较适合农民经济现状。即使在发达的区域，标准化网上平养也至少占60%以上的比例，并且是近几年肉鸡养殖的主要方式（图4–3、图4–4）。

图4–3　网上平养标准化鸡舍实景

图4–4　网上平养育成鸡

自动化网上平养（图4–5至图4–7）在鸡舍建设的标准和设备选择上均需要更多的资金投入，同时在养殖技术和管理方面要求具备的是管理能力，而多数的养殖者恰恰不具备这种基本条件。因此，自动化网上平养仅适合个别有经济实力的投资商或企业自建自养。国内肉鸡业稳定、健康、有序的发展，更需要政府的农业政策引导、资金扶持以及一条龙肉鸡养殖企业的拉动和参与。

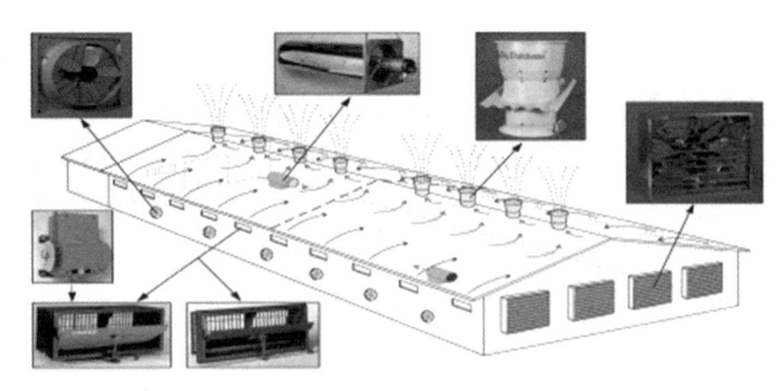

图4–5　自动化养殖环境控制模式（大荷兰提供）

图 4–6　网上平养自动化鸡舍实景（空舍）

图 4–7　网上平养自动化鸡舍实景

## 三、笼养方式

随着我国农业自动化发展的脚步逐渐加速，能源物资涨价，土地资源紧缺，人工成本倍增，传统的单户小规模饲养方式已逐渐不适应我国现代肉鸡产业发展要求。保护和充分利用有限的资源，使肉鸡养殖效益最大化，已成为我国现代肉鸡生产迫在眉睫的发展趋势。

在欧美等肉鸡产业发达的国家，已经实现了鸡舍通风、供水、供料、光照控制、粪便清理、毛鸡出栏全部自动化、智能化。特别重视鸡舍的环境条件控制，减少饲养过程中的人为因素影响，减少能量浪费，降低运行成本。

鉴于目前我国肉鸡养殖现状，笼养方式暂时还不太适合也不能够成为国内肉鸡发展的主流。但是，对于具备有先进技术经验、管理能力和资金实力的一条龙肉鸡养殖企业完全可以利用其诸多优点去研究、摸索和示范。在未来，随着土地资源的紧缺、设备的不断完善及养殖技术的成熟，笼养自动化（图 4–8、图 4–9）必将代替传统的养殖方式。

图 4–8　肉鸡笼养鸡舍

图 4–9　笼养鸡舍风机、清粪系统

# 第二节 进雏前准备工作

全进全出的饲养程序是落实生物安全体系管理、执行畜禽养殖防疫制度的重要内容。

## 一、清洁与消毒

在进雏前，要对鸡舍进行清洁与消毒。主要包括以下几个方面。

一是彻底清理鸡舍及全部环境，做到无鸡粪、鸡毛、杂草及其他垃圾，不留死角。

二是用高压清洗机冲洗鸡舍所有养殖设备、墙壁、地面以及排水沟，不能有污物、灰尘（图 4–10、图 4–11）。

图 4–10　冲洗鸡舍网架和设备

三是用含量为 96% 火碱配制成 3% 水溶液对鸡舍进行 1 次喷洒消毒（图 4–12），并关闭鸡舍门窗（图 4–13）密封 24 小时后再开启作业；同时，对全场环境做 1 次全面消毒。

四是用 0.5% 过氧乙酸对饮水器及其管线和水箱进行清洗消毒。每间隔 2 ～ 3 批对水线系统进行一次优垢净 24 小时浸泡消毒，以达到清除管壁生物膜、水垢等清洁消毒的效果。

五是进鸡前 3 天对鸡舍和全场进行第二次火碱消毒，方法要求同第一次消毒。

消毒的方法和要求：将鸡舍门、窗、下水道口全部封闭，每立方米用甲醛 15 ～ 30 ml 加等量水喷洒熏蒸或加热熏蒸 24 ～ 48 小时，要求温度为 25 ～ 30℃，湿度为 65% ～ 70%。也可以使用二氧化氯缓释剂熏蒸消毒（图 4–14），用量按每 15 $m^3$ 使用 20 g，封闭门窗后，把药品均匀悬挂在舍内高处，用喷淋方法将药袋喷湿后迅速离开，其缓慢释放杀菌气体即可达到杀菌效果。此方法简单易行，不需要加热，熏蒸后 8 小时即可安排进鸡。

图 4–11　冲洗鸡舍水线

图 4–12　火碱消毒

图 4–13　封闭鸡舍

图 4–14　熏蒸鸡舍

## 二、物料贮备

### 1. 垫料预定

鸡舍干燥后，如地面平养可铺放垫料，厚度为 5 ～ 10 cm，要求铺放平整，且育雏间稍厚（垫料可选择刨花、稻壳、锯末等）。

如网上饲养则装好栖架塑料格网及相关设备（图 4–15），隔成小圈的塑料格网要求高度在 50 cm 左右，提前铺上育雏纸，进行预温。

图 4–15　育雏间准备

2. 燃煤贮备

根据季节和生产需要在进雏前提前订购燃煤。

3. 药品与疫苗的准备

据药敏实验结果选择开口药品或常规预防药品。同时，按照当地的免疫程序准备疫苗。

4. 饲料计划

以爱拔益加品种为例，饲料预期用量见表 4–2。

表 4–2　爱拔益加商品肉鸡饲料预期用量

| 料号 | 使用期（日龄） | 用料量（kg/ 只） |
|---|---|---|
| 肉鸡 1 号料 | 1 ～ 18 | 0.75 |
| 肉鸡 2 号料 | 19 ～ 33 | 2.20 |
| 肉鸡 3 号料 | 34 ～ 42 | 1.80 |

## 三、育雏间准备

### 1. 密度

饲养密度包括三方面的内容：每平方米面积养多少只鸡（或每立方米养多少只鸡）；每只鸡占有多少食槽位置；每只鸡饮水位置多少。

饲养密度参考见表 4–3。

表 4–3　商品肉鸡饲养密度参考

| 季节 | 开放式鸡舍（只 /$m^2$） | 环境控制鸡舍（只 /$m^2$） | 笼养自动化鸡舍（只 /$m^2$） |
| --- | --- | --- | --- |
| 冬 | 13 | 14 ～ 15 | 19 ～ 20 |
| 春、秋 | 13 | 14 ～ 15 | 18 ～ 19 |
| 夏 | 12 | 13 ～ 14 | 17 ～ 18 |

注：该密度是指出栏时的相对密度

### 2. 分栏

根据饲养密度要求和实际进鸡数量，在进鸡前预算出育雏的实际面积，使用彩条布或塑料布打好隔断，将育雏间分为若干个小圈，每圈 500 ～ 600 只。

### 3. 光照

根据光照程序和光照强度，准备好灯泡数量和瓦数。

## 四、鸡舍预温及设备检查

### 1. 预温

在进雏前要对鸡舍进行预温。

预温时间：预温时间根据外界气候、季节变化而定。夏季提前 1 天，其他季节提前 2 天。

预温要求：要求育雏间温度达到 32 ～ 33℃，地面平养要求垫料温度为 29 ～ 30℃。要求前、中、后温度控制在 0.5 ～ 1℃范围内，没有死角、贼风。

测试方法：测试温度按饲养空间前、中、后分别挂温度计，合理高度应位于鸡背高度，并且要远离热源。

2. 设备检查

检查舍内所有设备的性能和饲养器具是否良好，包括供水、供电、供暖、降温及通风系统等设备。

## 第三节 肉鸡饲养管理要点

### 一、第一周饲养管理要点

第一周的饲养管理要点参见表 4–4。

表 4–4 商品肉鸡饲养管理参照表（以爱拔益加品种为例）

| 日龄 | 温度（℃） | 湿度（%） | 光照（小时 / 日） | 密度（只 /m²） | 体重（g） | 饲喂标准 | | | |
|---|---|---|---|---|---|---|---|---|---|
| | | | | | | g/ 只 · 日 | 累计 | 料号 | 次 / 日 |
| 1 | 32 | 60 ～ 65 | 24 | 30 | 56 | 13 | 13 | 1 | 8 |
| 2 | 32 | 60 ～ 65 | 24 | 30 | 70 | 16 | 29 | 1 | 8 |
| 3 | 32 | 60 ～ 65 | 24 | 30 | 87 | 20 | 49 | 1 | 8 |
| 4 | 31 | 60 ～ 65 | 24 | 30 | 106 | 23 | 72 | 1 | 8 |
| 5 | 31 | 60 ～ 65 | 24 | 30 | 128 | 26 | 98 | 1 | 8 |
| 6 | 31 | 60 ～ 65 | 24 | 30 | 152 | 30 | 128 | 1 | 8 |
| 7 | 30 | 60 ～ 65 | 24 | 30 | 179 | 35 | 163 | 1 | 8 |

1. 温度

温度的控制是肉仔鸡健康生长和饲料利用的关键。温度太高，鸡只采食量减少，饮水过多，生长缓慢；温度过低，雏鸡卵黄吸收不好，消化不良，增加饲料消耗量，降低饲料报酬。温度稳定是确保雏鸡正常饮水、采食、生长发育的关键，因此需要随时观测鸡舍温度。

鸡舍预温：按照预温要求，提前将鸡舍预温至 32 ～ 33℃方可安排进鸡事宜。

过渡温度：在雏鸡入舍前，由于雏鸡长途运输的原因，使运输车内雏鸡环境温度与鸡舍内温度差异较大。为降低应激，要求此时鸡舍的温度要接近与雏鸡运输时的温度，故控制在 25 ～ 28℃之间即可，此时的温度即为过渡温度。

恢复温度：待雏鸡入舍 3 ～ 5 小时后，再将鸡舍内的过渡温度逐渐升至需要温度即 32℃。舍内温度 1 ～ 3 日龄稳定在 32℃，4 ～ 7 日龄稳定在 30 ～ 31℃。

另外，地炉一定要盖好盖，不能把雏鸡盒放到正上方，否则会把雏鸡烤死。

### 2. 湿度

鸡舍一般相对湿度为 60% ～ 65%，由于此时的湿度很难达到育雏标准要求，在湿度低于标准时，每降低 5% 的湿度，要求提高温度 1℃，依次类推。加湿方法有炉子上坐水蒸发或过道上洒水等（图 4–16）。

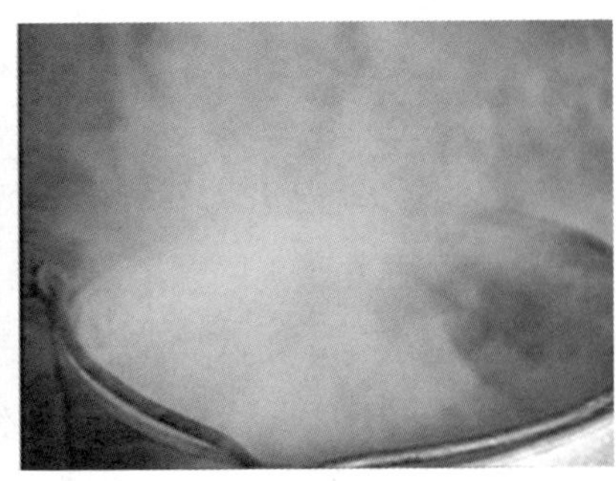

图 4–16　鸡舍加湿方法

### 3. 通风换气

前 3 天不需要通风，之后应考虑进行适当的换气，多采用自然通风。需在鸡舍侧墙上安装分布均匀的通风斗，大小可自由调节，以保证外界

冷空气从最高处进入鸡舍；在寒冷季节最好使用导管换气，导管的一端在鸡舍外面加弯头，另一端沿鸡舍屋顶平行伸到鸡舍中央部位，冷空气进入鸡舍与热空气混合后分散在鸡舍内，可以避免鸡群受冷应激，同时配合屋顶的排气孔或侧墙上的轴流风机，完成换气的目的。

另外，对于雏鸡要防止扫地风（图 4–17）。

图 4–17　雏鸡防止扫地风

4. 光照

光照是影响肉鸡生长的一个环境因素，鸡舍的光照条件必须得到足够的重视。光照强度、分布、颜色和时间都会影响肉鸡的生长性能。科学合理的光照管理对肉鸡骨骼、内脏的生长和免疫系统的发育有益，同时减少了猝死和腹水的发生。

光照强度：在肉鸡的饲养管理中，光照强度应由强变弱。每 15$m^2$ 的面积设一个灯头，高度距网床 1 m，灯距 3 ～ 4 m。在第一周，合适的光照设置和分布可以帮助小鸡更加容易找到水和饲料，提高周末体重和均匀度。在育雏间需安装 40 瓦白炽灯泡（节能灯 13 瓦）其光照强度为 20 勒克斯。光照强度的变化要循序渐进，让鸡有一个适应过程。

光照时间：1 ～ 3 日龄天光照时间为 24 小时，4 ～ 7 日龄为 23 小时。

5. 供水

在雏鸡未到之前 2 ～ 3 小时，饮水器应灌好清洁的水，均匀地分布于整个育雏间。对有自动水线和料线设备的要同时使用，以使雏鸡及早识别并习惯使用。使用真空饮水器要每天更换新鲜的饮水（4 次 / 天以上），清洁并消毒饮水器，确保鸡只随时可饮用到水，绝不允许发生饮水器空干现象。必要时进行人工诱导饮水，助雏鸡识别水源，以保证雏鸡在最短时间内饮到水。

6. 接雏与免疫

雏鸡运到后，组织好所有的人员迅速将雏鸡盒卸下搬入鸡舍内（图 4–18），小心地将雏鸡倒入垫料或栖架格网上。进雏之前应铺设报纸或纱网，未铺的会导致雏鸡脚趾陷入网内（图 4–19）。雏鸡入舍后要让雏鸡尽快饮水；同时，做好新支二联活苗、新城疫和禽流感灭活苗的免疫（免疫多在孵化厅完成）。

图 4–18　雏鸡入舍

图 4–19　雏鸡舍未铺设报纸或纱网

7. 供料

将雏鸡全部搬运鸡舍后，立即开始用肉鸡 1 号料开食，实行自由采食，少给勤添（8 次 / 天），减少饲料浪费。放料筒时要格外小心，防止料筒下压鸡（图 4–20）。

图 4–20　料筒下压鸡

8. 扩群

饲养至 3 ～ 4 日龄时，夏季可以安排第一次扩群（其他季节除外），同时，要逐渐减少雏鸡真空饮水器和开食盘的数量，经过 2 ～ 3 天的时间全部撤除真空饮水器和开食盘，使鸡适应水线、料线。扩群时首先要把扩群房间打好牢固的隔断，其次检修炉子、网架等设施并进行预温，在预温的过程中清洗水线、饮水器、料斗、网架、灯泡等物品，并用百毒杀、金碘或安灭杀等消毒药对扩群间进行一次彻底的消毒。待扩群间温度、湿度等各方面都适宜时，打开前一道隔帘和隔网让鸡慢慢过去，千万不要人为轰鸡，扩群时应避开免疫和恶劣天气。

9. 消毒

保证每天带鸡消毒 1 ～ 2 次，每周环境消毒 2 次（做免疫的当天除外）。

10. 药物预防

雏鸡入舍后投喂多维或电解质等抗应激药品，同时对鸡白痢、支原体、大肠杆菌进行预防。

### 11. 生产记录

每天做好死亡、温度、湿度、耗料、用药、免疫等记录，以便及时发现异常情况，采取相应措施。

### 12. 调整水料线高度

随着鸡只的生长逐步升高饮水器和料桶的高度，料桶上沿应始终与鸡胸高度相同，饮水器上沿应始终与鸡背高度相同。

### 13. 其他注意事项

其他时间的重点工作是要提供并保证鸡舍内温度和湿度的稳定。不论是哪种设备供温，切忌温度的忽高忽低或前后温差大于 2℃的情况发生。

## 二、第二周至第三周饲养管理要点

第二周至第三周的饲养管理要点见表 4–5。

表 4–5　商品肉鸡饲养参照表（以爱拔益加品种为例）

| 日龄 | 温度（℃） | 湿度（%） | 光照（小时 / 日） | 密度（只 /$m^2$） | 体重（g） | 饲喂标准 | | | |
|---|---|---|---|---|---|---|---|---|---|
| | | | | | | g/ 只 · 日 | 累计 | 料号 | 次 / 日 |
| 8 | 30 | 55 ～ 60 | 23 | 25 | 208 | 38 | 201 | 1 | 6 |
| 9 | 30 | 55 ～ 60 | 23 | 25 | 241 | 42 | 243 | 1 | 6 |
| 10 | 30 | 55 ～ 60 | 23 | 25 | 276 | 47 | 290 | 1 | 6 |
| 11 | 29 | 55 ～ 60 | 23 | 25 | 315 | 52 | 342 | 1 | 6 |
| 12 | 29 | 55 ～ 60 | 23 | 25 | 357 | 57 | 399 | 1 | 6 |
| 13 | 29 | 55 ～ 60 | 23 | 25 | 402 | 62 | 461 | 1 | 6 |
| 14 | 29 | 55 ～ 60 | 23 | 25 | 450 | 67 | 528 | 1 | 6 |
| 15 | 28 | 50 ～ 55 | 23 | 20 | 501 | 73 | 601 | 1+2 | 4 |
| 16 | 28 | 50 ～ 55 | 23 | 20 | 555 | 78 | 679 | 1+2 | 4 |
| 17 | 28 | 50 ～ 55 | 23 | 20 | 612 | 84 | 763 | 1+2 | 4 |

（续表）

| 日龄 | 温度（℃） | 湿度（%） | 光照（小时/日） | 密度（只/m$^2$） | 体重（g） | 饲喂标准 | | | |
|---|---|---|---|---|---|---|---|---|---|
| | | | | | | g/只·日 | 累计 | 料号 | 次/日 |
| 18 | 27 | 50～55 | 23 | 20 | 672 | 90 | 853 | 2 | 4 |
| 19 | 27 | 50～55 | 23 | 20 | 734 | 96 | 949 | 2 | 4 |
| 20 | 27 | 50～55 | 23 | 20 | 800 | 102 | 1 051 | 2 | 4 |
| 21 | 27 | 50～55 | 23 | 20 | 868 | 108 | 1 159 | 2 | 4 |

1. 温度

随着鸡只的生长，在控制温度稳定的情况下每周逐渐降温 2℃左右；本阶段的温度为27～30℃，在保证温度的前提下，主要以通风换气为主。在每次免疫时要适当提高鸡舍温度 1℃。

2. 湿度

相对湿度为 55%～60%，第二周的湿度容易达到标准。如高于标准需减少加湿次数，必要时可采取通风换气来调整。第三周随着通风量的增加，鸡舍内湿度会越来越低，如低于标准湿度时，需要采取加湿措施来提高湿度。

3. 通风换气

逐渐增加鸡群通风换气量，寒冷季节要保证舍内鸡群对氧气的最低需求，降低灰尘和氨气的浓度；在炎热的夏季要达到降温效果。对饲养肉鸡来讲，通风管理是最需要细心、耐心的一项工作，通风不像饲喂和饮水系统那样仅需要定时定点的管理，通风管理需要持之以恒并随外间气候环境的变化进行相应的调整。通风管理的好坏直接关系到养殖效益的高低。

在暑热气候条件下，热能蓄积是最关注的问题，舍内的温度升高将导致鸡只死亡。为预防舍内热能积蓄，必须通过排风扇或湿帘—风机系统进行空气交换，目的是防暑降温。寒冷气候条件下与暑热气候条件下的通风目的绝非相同。冬季通风目的在于将适量的新鲜空气（维持生命必需的氧气含量）带入舍内以调整空气质量，同时又要保持舍内鸡群本身对环境温度的需要，减少舍内氨气、灰尘和二氧化碳含量，保证氧气的提供。

### 4. 扩群

扩群的目的是及时调整鸡群密度；提供充足的水、料供应；便于组织免疫工作；同时，在免疫时要对生长缓慢、发育不良的鸡只进行淘汰。

夏季的第二次扩群要安排在点眼免疫之前 1 ～ 2 天（其他季节为第一次）。第三次扩群要在 12 ～ 13 天前完成，为法氏囊免疫提供足够的养殖空间和水、料位。第四次扩群夏季在 18 ～ 19 天时要扩满整个鸡舍，为新城疫饮水免疫创造条件。

### 5. 光照

在 8 ～ 21 日龄，每天采用 22 小时光照，2 小时黑暗；光照强度为 5 ～ 10 勒克斯，将 40 瓦的白炽灯换成 15 瓦。每次黑暗时间不能超过 1 小时，在有光饲养变为黑暗时，最好在晚上自然过渡，避免造成鸡群应激。

### 6. 免疫

为了保证鸡群健康，提高机体抗病力，使其不被外来病毒的感染，各养殖场要按照免疫程序进行免疫。该阶段主要预防新城疫、传染性支气管炎和法氏囊病。

### 7. 饮水与饲喂

全部使用水线系统和大料桶，随着鸡只的生长要逐步升高饮水器和料桶。料桶上沿应始终与鸡胸高度相同，饮水器上沿应始终与鸡背高度相同，保证鸡群自由采食和自由饮水。

### 8. 清洁与消毒

每天对普拉松饮水器进行清洗和消毒早晚各 1 次，对供水系统每周进行 1 次反冲；坚持每天带鸡消毒 1 ～ 2 次，每周环境消毒 2 次（做免疫的当天除外）。

### 9. 换料

做好由肉鸡 1 号饲料向 2 号饲料的过渡使用。

在饲养至 15 ～ 17 天，利用 3 天时间由肉鸡 1 号料过渡到用肉鸡 2

号料饲喂，具体换料配方比 3 天分别为 2∶1、1∶1、1∶2，直至全部过渡完成方可饲喂肉鸡 2 号料。

### 10. 粪便清理

如地面平养要注意防止垫料潮湿、板结，如有发生立即清理。对网上饲养产生的鸡粪，要求日产日清，并远离养殖场或小区堆放，发酵后使用。

### 11. 药物预防

仔细观察鸡群状况，在 11 ～ 13 日龄或 17 ～ 20 日龄时，重点要预防慢性呼吸道病和大肠杆菌的发生。

### 12. 检修设备

在第二周以后，冬天要重点检查鸡舍导风管、横向轴流风机、供暖设备等运行情况；夏季要检修风机—水帘降温系统、水料线、通风小窗及发电机运行是否正常。

## 三、第四周至第六周（出栏）饲养管理要点

第四周至第六周饲养管理要点见表 4–6。

表 4–6　商品肉鸡饲养参照表（以爱拔益加品种为例）

| 日龄 | 温度（℃） | 湿度（%） | 光照（小时 / 日） | 密度（只 /m²） | 体重（g） | 饲喂标准 | | | |
|---|---|---|---|---|---|---|---|---|---|
| | | | | | | g/ 只・日 | 累计 | 料号 | 次 / 日 |
| 22 | 26 | 50 | 20 | 15 | 938 | 114 | 1 273 | 2 | 4 |
| 23 | 26 | 50 | 20 | 15 | 1 011 | 120 | 1 393 | 2 | 4 |
| 24 | 26 | 50 | 20 | 15 | 1 086 | 126 | 1 519 | 2 | 4 |
| 25 | 25 | 50 | 20 | 15 | 1 164 | 132 | 1 651 | 2 | 4 |
| 26 | 25 | 50 | 20 | 15 | 1 243 | 137 | 1 788 | 2 | 4 |
| 27 | 25 | 50 | 20 | 15 | 1 323 | 144 | 1 932 | 2 | 4 |
| 28 | 25 | 50 | 20 | 15 | 1 406 | 148 | 2 080 | 2 | 4 |
| 29 | 24 | 50 | 20 | 15 | 1 490 | 155 | 2 235 | 2 | 4 |

（续表）

| 日龄 | 温度（℃） | 湿度（%） | 光照（小时/日） | 密度（只/m²） | 体重（g） | 饲喂标准 | | | |
|---|---|---|---|---|---|---|---|---|---|
| | | | | | | g/只·日 | 累计 | 料号 | 次/日 |
| 30 | 24 | 50 | 20 | 15 | 1 575 | 159 | 2 394 | 2 | 4 |
| 31 | 24 | 50 | 20 | 15 | 1 661 | 165 | 2 559 | 2 | 4 |
| 32 | 24 | 50 | 20 | 13 | 1 748 | 170 | 2 729 | 2 | 4 |
| 33 | 25 | 50 | 20 | 13 | 1 836 | 175 | 2 904 | 2+3 | 4 |
| 34 | 23 | 50 | 20 | 13 | 1 924 | 179 | 3 083 | 2+3 | 4 |
| 35 | 23 | 50 | 20 | 13 | 2 013 | 183 | 3 266 | 2+3 | 4 |
| 36 | 23 | 50 | 24 | 13 | 2 102 | 188 | 3 454 | 3 | 4 |
| 37 | 23 | 50 | 24 | 13 | 2 192 | 191 | 3 645 | 3 | 4 |
| 38 | 22 | 50 | 24 | 13 | 2 281 | 196 | 3 841 | 3 | 4 |
| 39 | 22 | 50 | 24 | 13 | 2 370 | 198 | 4 039 | 3 | 4 |
| 40 | 22 | 50 | 24 | 13 | 2 459 | 203 | 4 242 | 3 | 4 |
| 41 | 22 | 50 | 24 | 13 | 2 548 | 205 | 4 447 | 3 | 4 |
| 42 | 22 | 50 | 24 | 13 | 2 637 | 208 | 4 655 | 3 | 4 |

第四周至出栏这一阶段为育肥期，鸡只采食量大，生长速度快，要求的氧气多。该阶段饲养管理的要点是在保证温度的前提下，尽量增加通风换气量，以免因缺氧造成鸡只发病影响生产。

#### 1. 温度

本阶段的温度为 22 ～ 26℃，在保证温度的前提下，主要以通风换气为主。

#### 2. 湿度

相对湿度为 50% ～ 55%，第四周以后的湿度会随着通风量的不断增加低于标准要求，需要采取加湿措施来提高湿度。

#### 3. 通风换气

逐渐增加鸡群通风换气量，寒冷季节要保证舍内鸡群对氧气的最低需求，降低灰尘和氨气的浓度；在炎热的夏季要达到降温效果。夏季尽可能地增加鸡背高度的空气流动速度，使鸡只产生的代谢热及时排走，以免因高温热应激而造成鸡只窒息死亡，要求必须采用机械通风，如有条件可采用湿帘风机降温系统或采用鸡舍内喷洒水雾的方法降温。

4. 扩群

这一阶段，鸡只生长速度快，要求适时扩群，增加料桶、饮水器数量，并调整其高度。冬季要在 25 ～ 27 天进行第四次扩群，此时，扩满整栋鸡舍。

5. 光照

22 ～ 35 日龄，20 小时光照，4 小时黑暗；36 日龄至出栏，24 小时光照。每次黑暗时间不能超过 1 小时，在有光饲养变为黑暗时，最好在晚上自然过渡，避免造成鸡群应激。

6. 饮水与饲喂

随着鸡只的生长逐步升高饮水器和料桶的高度，料桶上沿应始终与鸡胸高度相同，饮水器上沿应始终与鸡背高度相同，保证鸡群自由采食和自由饮水。

7. 防疫与消毒

每天对饮水器进行清洗，对供水进行消毒，坚持每天带鸡消毒；环境卫生干净、整洁，每周消毒两次。

8. 换料

做好由肉鸡 2 号饲料向 3 号饲料的过渡使用。

在饲养至 33 ～ 35 日龄，利用 3 天时间由肉鸡 2 号料过渡到用肉鸡 3 号料饲喂，具体换料配方比 3 天分别为 2∶1、1∶1、1∶2，直至全部过渡完成方可饲喂肉鸡 3 号料。

9. 粪便清理

如地面平养要注意防止垫料潮湿、板结，如有发生立即清理。对网上饲养产生的鸡粪，要求日产日清，并远离养殖场或小区。

**10. 药物预防**

仔细观察鸡群状况，在 24 ～ 27 日龄时，重点要预防慢性呼吸道病和大肠杆菌的发生，同时投喂抗病毒或提高机体免疫力的药物，如双黄连或黄芪多糖。为保证食品安全，在出栏 14 天前禁止使用抗生素。

**11. 检修设备**

在第四周以后，冬天要检查鸡舍导风管、横向轴流风机、供暖设备等运行情况；夏季要重点检修风机—水帘降温系统和发电机运行是否正常。如遇停电要提前做好准备。

**12. 观察鸡群**

细心观察鸡群状况，如有疫病发生做到及早发现、及早诊断、及早预防、及早治疗。

**13. 记录**

做好每天死亡、耗料、用药、消毒等记录。

## 第四节 肉鸡出栏前后的工作及注意事项

### 一、出栏前的工作及注意事项

农户经过几周的精心饲养，饲养出高质量的肉鸡，因此，必须保持鸡只出栏时的存活率和避免其擦伤、损坏、冻死、热死等，才能有较好的收益。出栏前的准备工作及注意事项包括以下方面。

商品肉鸡饲养至出栏前两周停止使用任何抗生素类药物，并联系药检及出栏事宜。

修整、垫平鸡舍入口处和鸡场内的道路，确保运鸡车辆出入畅通。

根据屠宰的具体时间提前联系好抓鸡队或邻居按规定捕抓。

在鸡只捕抓、装筐前12小时停喂饲料，以减少屠宰时出现的嗉囊饲料污染。但必须保证充足的饮水，寒冷季节还需继续供暖。

开始抓鸡时停止鸡只饮水，并把饲喂、饮水设备全部撤除或挂起，避免鸡只造成擦伤或其在逃跑时碰伤。

无论何时，捕抓鸡只都要尽可能减少光照强度，以减少对鸡只的应激。将鸡群分隔成若干区域，并派专人看护防止鸡群扎堆导致窒息而死的损失，也有助于尽可能减少因擦伤和皮肤撕裂而降低屠宰品质。

鸡只一旦被分开围好，工作人员就应快速、谨慎地将鸡只捕抓入筐，抓鸡时应抓鸡只双腿以下部位，若是大体重鸡只应双手抓住鸡只背部轻轻入筐，要轻拿轻放，严禁往筐内扔鸡。

鸡笼装载的鸡只不可过多，冬季不易超过10只，夏季不宜超过7只，坏筐内尽量不装鸡，以免造成额外的损失。

养殖户要提前到当地兽医管理部门开具《动物产地检疫合格证明》《动物及动物产品运载工具消毒证明》，并认真填写饲养记录、用药记录和剩料单等。检疫证、消毒证一定要随车同行，并核实填写的内容：户名、地址、只数、车号、日期等。

炎热季节外界气温比较高，往往会出现热死鸡现象，在装鸡过程中需要逐筐浇水降温；寒冷季节外界气温比较低，往往会出现冻死鸡现象，要求装完车后加盖苫布、草帘子等进行保暖。在运输途中每间隔50～60分钟需要停车查看捆绑是否牢固，苫布有无裂口，筐内鸡只有无异常等，还需要提前了解路面状况，防止因堵车等原因造成经济损失。

## 二、肉鸡出栏后的清扫及消毒工作

消毒是消灭传染源或减少传染、切断传播途径的有效方法之一。所以，出栏后的重点工作首先是对鸡舍内的鸡粪清扫干净，对场内外环境的鸡粪、鸡毛及生产和生活垃圾等清扫处理。

1. 清扫

鸡舍建成或鸡群出栏后，必须及时彻底清理鸡粪及舍内外的环境，做到无鸡粪、无鸡毛、无杂草及无其他垃圾，将废弃物运输到远离鸡舍500 m以外的固定地点堆放、焚烧、发酵等无害化处理，该项工作需要2天来完成。

2. 冲洗

冲洗的目的是彻底清洗栋舍内残留的脏物及有机物，降低舍内病原微生物的数量和含量，避免病原微生物的繁殖。

冲洗的要求如下：

在清理、清扫完鸡粪等杂物后，使用高压冲洗机按照从上到下、从前到后的原则将鸡舍彻底冲洗一遍。

舍内屋顶、檩条、各种悬挂物及绳索都要经过高压冲洗设备冲洗一遍，冲过之后用拇指和食指触摸悬挂物或绳索，手指干净无灰尘即可。

天窗挡风板、风斗、网子、架子、地面都不能有残留脏物。

水线内壁必须用毛刷清理，脏物必须清理干净，外侧脏物也必须冲洗干净，洗完后用消毒药浸泡一天时间。

水桶、水斗、料筒必须清洗干净，洗净后用消毒药浸泡一天时间，之后用水冲洗干净。

冲洗彻底，不留死角；冲完后，场内负责人员要检查，如有不符合要求的必须重新冲洗。

冲洗时要注意用电安全，冲洗鸡舍时至少由两人来完成，一人负责冲洗，另一人负责看管设备和电器线路。预防线路漏电而发生意外事故，负责冲洗的工作人员必须戴橡胶绝缘手套和雨靴。

3. 浸泡洗涤

将冲洗干净的开食盘、真空饮水器等用具要用过氧乙酸或其他消毒药浸泡3～5小时后洗涤，再用清水洗干净。

水箱及水线每间隔2批或3批鸡要用一次酸化剂处理，可用优垢净（有机酸、表面活性剂、渗透剂）浸泡24小时后再用清水冲洗。

### 4. 消毒

冲洗干净的鸡舍，从火碱消毒到进雏前的间隔时间称为空舍期。为了保证养鸡安全，空舍期要求 7 ～ 10 天。在这一阶段的主要工作：消毒、密封鸡舍；检修网架、风机等养殖设备；组织技术培训、总结上批肉鸡养殖经验和教训、安排下批工作重点等工作。

消毒工作要点见进雏前准备一节。

# 第五章 鸡舍环境控制与关键点管理

## 第一节 通风管理

### 一、机械通风换气的方法及要求

由于肉鸡品种生长速度的加快，肉鸡生长过程中耗氧量增加，鸡舍的密闭性增强，过去常用的自然通风方法已经不适应品种和鸡舍条件的要求。现采用的鸡舍通风方式多数为机械通风，机械通风又分为横向通风、过渡通风和纵向通风。

#### （一）横向通风

横向通风有以下特点。

横向通风适用于舍外气温低于舍内要求的目标温度。

横向通风的目的是保证舍内有害气体不超标又能满足舍内氧气的充足供应；同时保证鸡群正常生产发育的前提下最大限度减少能源消耗。

横向通风属于负压通风，风机启动时舍内外要有 0.127 ～ 0.154 cm 水柱压力差，以确保进风口处有一定的风速。只有这样才能使进入的冷空气射到房顶的最高点，与舍内顶部的热空气充分混合，然后再扩散到整个空间。

如果鸡舍温度在目标温度以下，环境控制系统就开始执行最小通风，此时的风机只受定时钟控制，而不考虑鸡舍温度，这个阶段称为最小通风的第一级通风。

横向通风从第 1 ～ 3 日龄即可开始进行，鸡群扩到哪儿风机就开到哪儿。随着鸡日龄增加，使用风机数量逐渐增加，开风机时间逐渐延长，停风机时间逐渐缩短，当横向风机不能满足最小通风量需求时，进入过渡性通风阶段。

最小通风方法有两种形式：第一种是在育雏或寒冷时即温差大时，从鸡舍一侧进气从另一侧排出；第二种是在成鸡或温暖时从鸡舍两侧进气，从鸡舍末端的风机口处排出。

最低通风量（$m^3$/ 分钟）= 饲养量（只）× 当日只体重（kg）× 冷季每千克体重最低通风需要量（0.015 5 $m^3$/ 分钟）。

特别提示：永远不要为了保温而减少换气量。如果换气量不足，鸡舍内空气的质量将受影响，氧气变得稀薄。在寒冷季节的温度控制应该通过合适的供温设备来达到，而不是通过调整换气量来获得。当鸡舍温度达到要求的目标温度时，第一级横向通风的风机 100% 运转。当温度再升高时，最小通风的第二级通风开启，此时，风机由温控仪控制。要求鸡舍设备具备每 5 分钟换一遍气的能力。温度进一步升高后，鸡舍就由第二级通风转入到混合通风（过渡性通风）。

### （二）过渡通风

过渡通风又称混合通风，就是当最小通风不能满足鸡只需要，而温度又在慢慢升高时，为确保鸡只对氧气的最低需求且并不需要太高风速情况下使用。

当侧墙的排风扇全部开启后仍不能满足鸡群的需要时，就需要开启纵向通风的风机。进行过渡通风时，两侧风门全部开启，末端风机部分开启，能得到最佳气体交换而风速又不高，气体分布均匀。

过渡通风可根据鸡群日龄、鸡舍温度，山墙风机逐步使用，风门或侧墙全部打开。

### （三）纵向通风

纵向通风就是当鸡舍温度不能降低到目标温度时，利用风冷效应的原理，使鸡只感受到的温度达到或接近理想温度的一种通风方式。

纵向通风量可根据鸡群日龄、鸡舍温度，山墙风机逐步全部使用，风门或侧墙关闭，使用水帘进气，风沿鸡舍纵轴方向以一定风速通过鸡舍。纵向通风可以降低鸡只的体感温度。

不同周龄鸡群对风速的要求见表 5–1。

**表 5–1　不同周龄鸡群对风速的要求参考**

| 周龄 | 冷季（m/ 秒） | 热季（m/ 秒） |
|---|---|---|
| 1 | 0 ～ 0.2 | 0 ～ 0.25 |
| 2 | 0 ～ 0.2 | 0.51 ～ 0.76 |
| 3 | 0.2 ～ 0.5 | 0.76 ～ 1.27 |
| 4 | 0.5 ～ 0.8 | 1.52 ～ 1.78 |
| 5 | 0.8 ～ 1.0 | 1.78 ～ 2.03 |
| 6 | 1.0 | 2.03 ～ 2.54 |

注：冷季外界温度低于目标温度时采用最小通风，即网上饲养鸡背位置测不到风速

## 二、水帘降温

### （一）作用

夏季高温空气通过湿帘，湿帘中的水分受热蒸发，吸收了空气中的热量，使进入鸡舍的空气温度降低。

湿帘安装图示见图 5–1。湿帘工作原理见图 5–2。

图 5-1　湿帘安装图示

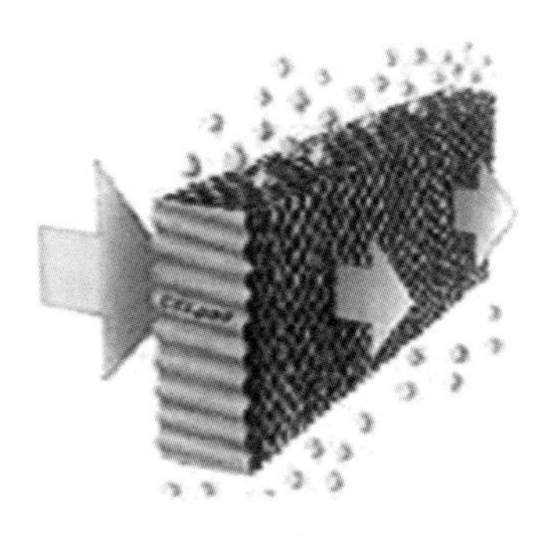

图 5-2　湿帘工作原理

## （二）使用方法

通常在以下情况采用水帘降温。

当风机风速降温效果达不到设定的目标值时，一般情况尽可能以通风来解决高温给鸡造成的热感，轻易不启用水帘，避免造成冷应激。

夏季水帘降温系统的应用条件应结合鸡群的日龄、天气情况（气温和相对湿度）灵活运用。

当鸡群日龄大于 30 天、舍内气温高于 26.6℃才能启用水帘。

如果相对湿度高于 70% 时要慎重使用水帘。

一般外界气温高于目标温度 7℃时使用水帘。

如果风机效率低、鸡舍密封差、舍内温度高于目标温度 5℃时，也可以使用水帘。

### （三）水帘降温效果的影响因素

水帘的蒸发降温效果与水帘面积、通过水帘的风速、水温及空气湿度有关。

如果水帘面积过小，过帘风速大于 2.29 m/ 秒，水就会脱离水帘纸表面而直接进入鸡舍，造成舍温升高。

如果水帘面积过大，过帘风速小于 1.78 m/ 秒，空气与水帘纸摩擦产生热量少，蒸发速度就会减慢，影响降温效果。

冷水不易蒸发，绝不能把水帘纸的表面遮住，也不能把水箱埋在地下，水温越高蒸发的越快，鸡舍温度下降的越多，绝不能让水帘泵一直开着，保证水帘纸不能达到全部饱和，因为一旦达到空气露点，不但蒸发和降温都会变慢，鸡舍内的湿度也会增加。

空气湿度太大甚至接近饱和，很难再容纳水分，也不易于湿帘蒸发，降温效果同样不好。

## 三、喷雾降温

### （一）作用

使用高压喷雾装置，间断喷出极细雾滴，靠雾滴蒸发吸收热量，同时风机将多余湿气排出舍外，从而将舍内温度降低，效果与水帘相似。

### （二）注意事项

喷雾降温有以下几点注意事项：

高湿天气不许喷雾。

雾滴要足够小，水才能得到充分汽化。

压力要足够，压力是确保水汽化充分的必要条件。

喷雾的同时必须启动风机，只有二者的结合才能达到最佳效果。喷雾装置还可以用于鸡舍加湿、消毒、免疫、给药作用。

## 四、天窗的使用

天窗通风是前期不使用机械通风的开放式鸡舍整个通风操作中最早进行的，是饲养前期的主要通风方式，主要是将舍内污浊气体自动排出舍外。考虑外界气温对鸡群的影响，天窗离鸡距离最远，外界冷空气进入栋内能充分与热空气混合，最大限度地降低了鸡群着凉的风险，也能避免刮风天气对雏鸡的影响。在不同季节，开启天窗通风的时间也是有区别的，要根据鸡的日龄进行通风。

4 月至 10 月上旬天窗基本上就开启通风了，10 月中旬至翌年 3 月下旬天窗的开启时间为：10 月中旬至 12 月中旬：4 ～ 5 日龄；12 月下旬至 2 月上旬：7 ～ 8 日龄；2 月上旬至 3 月底：4 ～ 5 日龄。

## 五、侧窗的使用

侧窗通风是在天窗通风不能满足鸡舍内换气需要的时候开始的，是一项看似简单却操作复杂的工作，也是整个通风操作中最重要最关键的，需要我们认真对待。

侧窗的开启时间要根据季节的变化随时调整，如果开启过早或过晚，通风量的过大过小都会对鸡群造成影响，而且后果是十分严重的，这就要求我们必须在平时的工作中多总结、作对比，掌握一套合适的操作方法。

侧窗的开启时间见表 5–2。

**表 5–2　侧窗的开启时间**

| 12 月中旬至翌年 2 月中旬 | 2 月中旬至 3 月中旬 | 3 月下旬至 4 月中旬 | 4 月下旬至 5 月中旬 | 5 月下旬至 6 月 |
|---|---|---|---|---|
| 22 ～ 23 日龄 | 17 ～ 19 日龄 | 14 ～ 15 日龄 | 11 ～ 12 日龄 | 7 ～ 9 日龄 |
| 7 至 8 月中旬 | 8 月下旬至 9 月上旬 | 9 月下旬至 10 月上旬 | 10 月中旬至 11 月中 | 11 月下旬至 12 月中旬 |
| 3 ～ 5 日龄 | 7 ～ 9 日龄 | 11 ～ 12 日龄 | 14 ～ 15 日龄 | 17 ～ 19 日龄 |

## 六、导管通风技术

### （一）作用

商品肉鸡冬季饲养一直是个难点，因为冬季气温低下，耗煤多，通风量难以调控，养殖户饲养成本高，呼吸道疾病增加，饲养风险加大。为了克服冬季饲养难的问题，经过大量试验数据和养殖户应用推广，证明在寒冷季节使用导管通风技术对提高养殖生产指标和降低燃煤成本效果非常理想。

风机和通风管的配合使用可以达到通风换气的目的，时刻保持鸡舍内空气的新鲜。通风管将冷风导向鸡舍屋顶，与暖空气混合后分散于鸡舍。封闭侧窗、地窗、天窗，有利于热量的保留，达到保温的效果；切断湿热气体从天窗流失的途径，达到保湿的效果。

### （二）安装方法

导风管的安装方法如下。

冬季寒冷季节将现有的侧窗、地窗、天窗用双层塑料薄膜和 2 ～ 5 cm 厚的泡沫板密封，以利于保温。通风则采用导管 + 轴流风机间断通风的方式（图 5–3）。

图 5–3　导风管鸡舍外部实景拍摄

侧墙风机数量为每千只鸡安装一台轴流风机，每台风机加装独立的闸刀控制开关，并于操作间安装统一控制风机起停的控制配电柜（图 5–4）。

每间房（或间距 4 m）安装一根直径 16 cm、长 300 ～ 400 cm 的 PVC 导风管，要求导风管沿屋脊平行延伸到鸡舍中部过道上段，导风管在鸡舍外加装弯头，达到刮风对鸡舍内环境无影响的目的（图 5–5）。

图 5-4　导风管和轴流风机

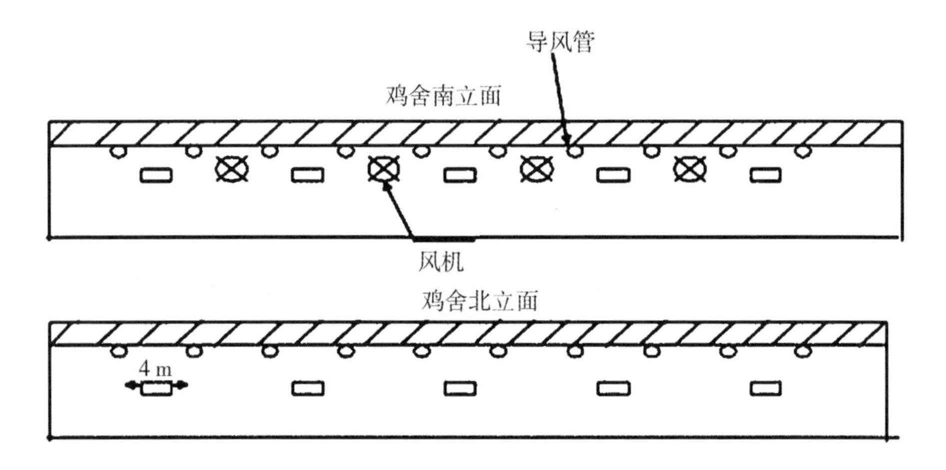


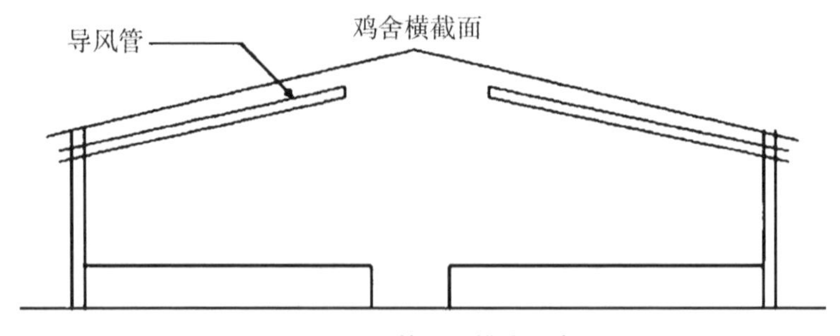


图 5-5　导管通风模式示意

鸡舍内部供暖应前后均匀，如采用热风炉直吹供暖方式，应加装热风导管（袋）使得前后温度均匀一致。用地炉方式供暖的鸡舍把每三个地炉烟管连接到一起，将烟管延伸至 10 ～ 15 m 以后通出鸡舍，超过房脊，有利于能量的充分利用并防止鸡舍倒烟。

### （三）通风量的计算和风机使用方法

以进鸡 4 500 只的鸡舍为例，通风方案见表 5–3。

**表 5–3　商品肉鸡通风方案**　（饲养数量：4 500 只）

| 日龄 | 体重（kg） | 通风量（$m^3$/ 小时） | 风机数量（个） | 风机系数 | 通风方法（秒）转：停 |
|---|---|---|---|---|---|
| 0 | 0.024 | 50 | 0 | 0.00 | — |
| 1 | 0.056 | 117 | 0 | 0.00 | — |
| 2 | 0.070 | 146 | 0 | 0.00 | — |
| 3 | 0.087 | 182 | 0 | 0.00 | — |
| 4 | 0.106 | 222 | 0 | 0.00 | — |
| 5 | 0.128 | 268 | 0 | 0.00 | — |
| 6 | 0.152 | 318 | 1 | 0.11 | 10：75 |
| 7 | 0.179 | 375 | 1 | 0.12 | 10：73 |
| 8 | 0.208 | 435 | 1 | 0.15 | 10：56 |
| 9 | 0.241 | 504 | 1 | 0.17 | 10：47 |
| 10 | 0.276 | 578 | 1 | 0.19 | 10：40 |
| 11 | 0.315 | 659 | 1 | 0.22 | 10：35 |
| 12 | 0.357 | 747 | 1 | 0.25 | 10：30 |
| 13 | 0.402 | 841 | 1 | 0.28 | 10：26 |
| 14 | 0.450 | 942 | 1 | 0.31 | 10：22 |
| 15 | 0.501 | 1 048 | 1 | 0.35 | 20：32 |
| 16 | 0.555 | 1 161 | 1 | 0.39 | 20：31 |
| 17 | 0.612 | 1 281 | 1 | 0.43 | 20：26 |

（续表）

| 日龄 | 体重（kg） | 通风量（$m^3$/小时） | 风机数量（个） | 风机系数 | 通风方法（秒）转：停 |
|---|---|---|---|---|---|
| 18 | 0.672 | 1 406 | 1 | 0.47 | 20：23 |
| 19 | 0.734 | 1 536 | 1 | 0.51 | 20：20 |
| 20 | 0.800 | 1 674 | 2 | 0.28 | 10：27 |
| 21 | 0.868 | 1 816 | 2 | 0.30 | 10：25 |
| 22 | 0.938 | 1 963 | 2 | 0.33 | 10：22 |
| 23 | 1.011 | 2 116 | 2 | 0.35 | 20：37 |
| 24 | 1.086 | 2 272 | 2 | 0.38 | 20：33 |
| 25 | 1.164 | 2 436 | 2 | 0.41 | 20：28 |
| 26 | 1.243 | 2 601 | 2 | 0.43 | 20：25 |
| 27 | 1.323 | 2 768 | 2 | 0.46 | 20：23 |
| 28 | 1.406 | 2 942 | 2 | 0.49 | 20：20 |
| 29 | 1.490 | 3 118 | 2 | 0.52 | 20：20 |
| 30 | 1.575 | 3 296 | 3 | 0.37 | 20：34 |
| 31 | 1.661 | 3 476 | 3 | 0.39 | 20：30 |
| 32 | 1.748 | 3 658 | 3 | 0.41 | 20：28 |
| 33 | 1.836 | 3 842 | 3 | 0.43 | 20：25 |
| 34 | 1.924 | 4 026 | 3 | 0.45 | 20：23 |
| 35 | 2.013 | 4 212 | 3 | 0.47 | 20：22 |
| 36 | 2.102 | 4 398 | 3 | 0.49 | 20：20 |
| 37 | 2.192 | 4 587 | 3 | 0.51 | 20：20 |
| 38 | 2.281 | 4 773 | 4 | 0.40 | 20：28 |
| 39 | 2.370 | 4 959 | 4 | 0.41 | 20：27 |
| 40 | 2.459 | 5 145 | 4 | 0.43 | 20：25 |
| 41 | 2.548 | 5 332 | 4 | 0.44 | 20：25 |
| 42 | 2.637 | 5 518 | 4 | 0.46 | 20：25 |
| 43 | 2.724 | 5 700 | 4 | 0.47 | 20：20 |

（续表）

| 日龄 | 体重（kg） | 通风量（$m^3$/小时） | 风机数量（个） | 风机系数 | 通风方法（秒）转：停 |
|---|---|---|---|---|---|
| 44 | 2.811 | 5 882 | 4 | 0.49 | 20：20 |
| 45 | 2.898 | 6 064 | 4 | 0.51 | 20：20 |

### （四）导管通风技术优点

导管通风技术有以下的优点。

节煤效果显著，从统计结果看，节煤达 30%。

鸡舍空气质量好，空气循环顺畅，没有死角。

保温保湿，利于鸡只生长。

解决了鸡舍冬季通风难控制的问题，降低了由于人为调整通风量不当引起的各种疾病。

降低了工人的劳动强度：减少添加燃煤的次数；减少因刮风天气的变化对鸡舍侧窗调整的频率。

因外界新鲜空气直接通过导管到达鸡舍最高部位，冷空气在最高部位发生交换，避免了冷空气直接吹到鸡，从而降低了鸡群受冷而引起的感冒等疾病的发生，降低了药费。

投资小，改造 5 000 只鸡的标准鸡舍需要费用大约 3 000 元。

## 七、调整通风量应考虑的因素

调整通风量应考虑下列因素。

空气质量：感觉鸡舍发闷，有氨气味道时增加排风时间，加大通风量。

温度：在保证鸡群生长温度的情况下通风。

灰尘：舍内灰尘大，要增加湿度，加大通风。

饲养密度：密度大时要加大通风量。

要根据现场实际情况适当调整风扇启动的数量、每天开启的次数和每次开启的时间。

农户可根据鸡舍和天气等实际情况，参考舍内热源分布和鸡只日龄大小，合理利用通风系统。

# 第二节 温度管理

## 一、温度管理的意义

温度对肉鸡生产影响很大。温度过高，鸡只采食量减少，饮水增加，生长缓慢。温度太高使雏鸡过热，容易感冒，还可能造成雏鸡脱水，增加死亡率。温度过低，雏鸡卵黄吸收不良，易引起消化系统发育不良、腹泻等疾病，影响鸡雏生长。

要对温度有正确的理解，要高度重视鸡只的体感温度，而不只是看到挂在鸡舍中的温度计测量的空气温度。

### （一）体感温度

鸡只的体感温度也就是鸡感觉到的实际温度。为了获得肉鸡最好的生长性能，温度必须一直保持在鸡群舒适的温度范围内，同时保持整栋鸡舍各处温度尽量保持一致。如果温度无法保持在合适的范围，鸡只将浪费额外的能量来调节身体温度，同时饲料利用率将下降。

肉鸡体感温度参考见表 5–4。

表 5–4　肉鸡体感温度参考

| 日龄 | 温度（℃） | 温度条件 |
| --- | --- | --- |
| 1 ～ 7 | 29.4 ～ 32.2 | 静态空气 |
| 7 ～ 14 | 29.4 | 静态空气 |

（续表）

| 日龄 | 温度（℃） | 温度条件 |
|---|---|---|
| 15 ～ 21 | 26.7 | 体感温度 |
| 22 ～ 28 | 23.9 | 体感温度 |
| 29 ～ 35 | 21.1 | 体感温度 |
| 36 日至出栏 | 18.3 | 体感温度 |

对于鸡的体感温度要注意以下几点：

静态空气的温度条件要求流过鸡背的风速不能引起风冷效应。

14 日龄以后的鸡群就应该考虑鸡的体感温度。

体感温度是温度、相对湿度和风速的函数，对体感温度的控制是环境控制的中心。

要根据鸡的分布和状态看鸡施温。

## （二）影响体感温度的因素

鸡的体感温度受湿度的影响变化较大，当环境温度达到一定数值时，湿度越大，鸡的体感温度越高；湿度越小，鸡的体感温度越低。这个界限数值是 23.9℃。在静态空气条件下，不同湿度和体重所要求的对应温度值不同。详见表 5–5。

**表 5–5　不同湿度和体重对应的温度**　（单位：℃）

| 体重（g） | 湿度 | | | | | |
|---|---|---|---|---|---|---|
| | 30% | 40% | 50% | 60% | 70% | 80% |
| 42 | 33 | 32.5 | 32 | 29.5 | 29 | 27 |
| 179 | 32 | 31 | 31 | 29 | 28 | 26.5 |
| 450 | 30 | 30 | 29.5 | 28.5 | 27 | 25.5 |
| 868 | 28 | 28 | 27.5 | 26.5 | 26 | 25 |

（续表）

| 体重（g） | 湿度 | | | | | |
|---|---|---|---|---|---|---|
| | 30% | 40% | 50% | 60% | 70% | 80% |
| 1 406 | 26 | 25 | 25 | 24 | 23.5 | 22.5 |
| 2 013 | 23 | 23 | 22.5 | 22 | 21 | 20.5 |
| 2 637 | 20 | 20 | 19.5 | 18.5 | 17.5 | 16 |

## 二、温度管理的基本要求

### （一）对温度的要求

饲养过程中对温度的要求主要有以下几点。

雏鸡入舍后 3 ～ 5 个小时，鸡体背高的水平平均温度必须达到 32℃。

舍内每周的温度要平缓下调 2℃左右。

每次免疫时，鸡群应激大，要注意维持鸡舍温度平稳。鸡群不健康或带鸡消毒时，要将鸡舍温度提高 1 ～ 2℃。

进鸡后 24 小时内要检查鸡爪温度。如果鸡爪温度冰凉，要检查进鸡前的网床预热是否确实。如果网床预热不够，则会影响吃料，生长缓慢，鸡群均匀度低。

### （二）温度计使用的要求

对于温度计的使用要注意以下几点。

温度计应分别悬挂在育雏间的中央及四周，并远离热源。

寒冷季节温度计的下端应与塑料网持平或略低于塑料网床面 3 cm。

炎热季节温度计的下端应与鸡背持平。

使用温度计前要将多个温度计放在一起进行数值校对后使用。

温度计最好使用最高、最低温度计，或温度连续记录仪，以便准确检查舍内温度变化情况。

# 第三节 湿度管理

## 一、湿度管理的意义

当相对湿度升高时，鸡只通过体表散发热量的能力就会下降。在高温高湿情况下特别容易出现问题（例如：32℃，90% 的湿度）。随着鸡群的不断生长，问题会变得越来越严重。没有足够的热量散发，鸡只调节自身体内温度的能力和维持正常身体功能的能力就会受到影响。

前期（1 ～ 2 周龄）应保持相对高的湿度，因为刚入舍的小鸡在运输过程中已失掉一部分水分，入舍后舍内湿度低，鸡苗易脱水，增加死亡和残次率。

中、后期（3 周龄至出栏）应保持相对低的湿度，因为湿度过高，微生物容易滋生，鸡粪产生氨气增多，不利于饲料的保存，也不利于呼吸道病、大肠杆菌、球虫等疾病的控制。

## 二、湿度标准与要求

温度的标准参见表 5–6。

表 5–6　湿度标准参考

| 周龄 | 1 周龄 | 2 周龄 | 3 周龄 | 4 周龄至出栏 |
|---|---|---|---|---|
| 湿度（%） | 60 ～ 65 | 55 ～ 60 | 50 ～ 55 | 50 |

湿度的基本要求有以下几点。

冬、春、秋低湿天气，参照表 5–6 进行加湿。夏季防止湿度过高，加强通风，排除湿气。

使用干湿球温度计或带指针干湿温度计，随时检查湿度。干湿球温度计要保持湿球水瓶里不能断水。

育雏第一周，刚进入鸡舍要有潮气扑面感觉，具体湿度测量要参照干湿温度计。

湿度低于标准时（1～2周龄），要利用加湿设备，增加带鸡消毒次数。

湿度高于标准时（3周龄至出栏），要保持通风良好，及时排除潮气；加强饮水管理，防止漏水；使用有效药物预防消化道疾病，防止下痢和球虫病。

温度、湿度是相互关联的，不能只顾一面。

## 三、热应激

### （一）概念

如果环境温度以华氏度为计量单位，那么对于蒸发式降温系统，华氏温度值与相对湿度值相加不应该超过155，可以根据此标准判断鸡群是否受到热应激。热应激通常以热应激指数来衡量。

热应激指数＝华氏温度值（摄氏温度 ×1.8+32）+ 相对湿度值

### （二）危害

热应激对肉鸡生产影响很大，主要有以下几点：

当热应激指数达到160时，表现采食量下降、饮水量增加、生产性能下降。

当热应激指数达到165时，小鸡受到热应激开始出现死亡，对肺和心血管系统造成永久性损伤。

当热应激指数达到170时，会导致鸡群大量俯卧死亡。

## 四、温度、湿度和风速间的关系

肉鸡养殖的关键在于对鸡舍的环境控制，而环境控制的重点是对温度、湿度和通风的管理，三者相互矛盾又相互关联，忽略任何一个方面都将影响到生产指标的提高。其相互关系参见表 5–7。

**表 5–7　温度、湿度与风速的关系**　　（单位：℃）

| 体感温度 | 相对湿度 50% 风速（米 / 秒） | | | | | | 相对湿度 70% 风速（米 / 秒） | | | | | |
|---|---|---|---|---|---|---|---|---|---|---|---|---|
| | 0 | 0.5 | 1.02 | 1.53 | 2.04 | 2.55 | 0 | 0.5 | 1.02 | 1.53 | 2.04 | 2.55 |
| 35 | 35 | 32.2 | 26.6 | 24.4 | 23.3 | 22.2 | 38.3 | 35.5 | 30.5 | 28.8 | 26.1 | 24.4 |
| 32.2 | 32.2 | 29.4 | 25.5 | 23.8 | 22.7 | 21.1 | 35.5 | 32.7 | 28.8 | 27.2 | 25.5 | 23.3 |
| 29.4 | 29.4 | 26.6 | 24.4 | 22.8 | 21.1 | 20 | 31.6 | 30.0 | 27.2 | 25.5 | 24.4 | 23.3 |
| 26.6 | 26.6 | 24.4 | 22.2 | 21.1 | 18.9 | 18.3 | 28.3 | 26.1 | 24.4 | 23.3 | 20.5 | 19.4 |
| 23.9 | 23.9 | 22.8 | 21.1 | 20 | 17.7 | 16.6 | 25.5 | 24.4 | 23.3 | 22.2 | 20 | 18.8 |
| 21.1 | 21.1 | 18.9 | 18.3 | 17.7 | 16.6 | 16.1 | 23.3 | 20.5 | 19.4 | 18.8 | 18.3 | 17.2 |

# 第四节 饮水管理

## 一、饮水的意义

水是肉鸡必不可少的营养物质之一，充足而符合卫生标准的饮水供应是肉鸡饲养成功的重要因素之一。

通常条件下，饮水量大约为饲料摄入量的 1.6 ～ 1.8 倍，饮水量会受到饲料质量、气温、鸡群健康状态等因素的影响。

## 二、水质要求及饮水量标准

要求使用深井水或自来水，必须保证不为大肠杆菌和其他病原微生物所污染。供肉鸡饮用的水源应经化验合格后方可使用。没有检测设备的情况下，以人用水为标准。

肉鸡饮水量消耗标准参见表 5-8。

表 5-8 肉鸡饮水量参考 （单位：ml / 只 · 日）

| 周龄 | 1 | 2 | 3 | 4 | 5 | 6 |
|---|---|---|---|---|---|---|
| 饮水量 | 58 ～ 65 | 102 ～ 115 | 149 ～ 167 | 192 ～ 261 | 232 ～ 261 | 274 ～ 308 |

## 三、饮水系统

饮水系统由水井、压力罐、输水管道、注水箱、过滤器、水表、加药器、支架、水线管、乳头座、乳头、减压阀或水箱、减压阀显示管、末端显示管组成。

饮水设备主要分开放式和封闭式两种。

开放式饮水设备主要有球形和杯形饮水器，即普拉松饮水器和真空饮水器。开放式的饮水器具有成本低的特点，但容易溅洒、污染和饮水卫生难保障等相关问题也较为普遍。

封闭式饮水设备即乳头式水线系统，分高压式和低压式两种。高压式流量通常为 80 ～ 90 ml/min，此饮水器乳头末端能产生水珠，底下还有一个杯子能够接住从乳头渗漏下的水。低压式的流量为 50 ～ 60 ml/min，低压一般底下没有杯子，水压的大小可以根据肉鸡的生长需要来调节。

通常使用低压式饮水器的鸡群密度应该不超过 10 只鸡 / 乳头；高压式不超过 12 只鸡 / 乳头。乳头的间隔不应该超过 35 cm。

## 四、饮水管理关键点

### （一）饮水管理的注意事项

肉鸡饮水应注意以下方面。

第一周在使用真空饮水器的时候，要同时放下乳头式饮水线；若使用普拉松饮水器，要从第 3 ～ 5 天起开始过渡，7 天后全部变为乳头式饮水线或普拉松饮水器，改用自来水或深井水。

接雏后第一次饮水（开饮）要预温，即将计算好的日饮水量于接雏前 4 小时放在鸡舍中预温（冬季 6 小时），开饮时按比例加入抗应激或其他营养药物。

雏鸡运到鸡舍后，应立即开饮。个别不会饮水的雏鸡要人工辅助饮水 1 ～ 2 次（将鸡喙轻按至水中），保证所有雏鸡都能够喝上水。

在雏鸡入舍的第一天，必须保证每 100 只鸡 2 个真空饮水器。饮水器应时刻保持一定的水量，定期清洗并补充清洁的饮水。

在 1 ～ 5 日龄饮水中按比例加电解多维和防治霉形体、大肠杆菌等药物。

真空饮水器要均匀、平稳地摆放在网床上，防止漏水，每次加水时要洗净饮水器。乳头式水线随着鸡日龄的增加可利用升降系统适时调整高度。

饮水器不能断水，要注意水质卫生，每天清洗两次。水箱、水线、供水管道每周使用赛可新或优酸净清洗、消毒一次（免疫前、中、后共 3 天不消毒）。

贮水箱、桶等存水时间不能超过当天，舍内水箱应该有防尘盖，每次饮水投药后及时清洗干净再使用。

使用水表来监测鸡群饮水量。水表的大小应与水管的大小一致，以保证足够的饮水流量。饮水量的计算时间应在每天的同一时刻，以最准确地判断鸡群的生长情况。任何饮水量的大幅变化都应该认真查明原因，饮水的突然下降通常是鸡群发生问题的第一表现。

### （二）乳头式水线的使用

乳头式水线使用时，应注意以下几点。

随鸡的日龄增加，逐渐提高水线高度。

若直接使用水线，1 ～ 2 日龄水线应放在最低位置，乳头距网面

10 cm，有接水杯的水线，接水杯紧贴网面。鸡的饮水角度 10° 左右。

从第三天起每隔 2 ～ 3 天提高水线一次，饮水角度随鸡只日龄增加而增加。其高度及角度可参考表 5-9。

**表 5-9　鸡的饮水高度**

| 项　目 | 日　龄 | | | | |
|---|---|---|---|---|---|
| | 1 ～ 2 | 3 ～ 10 | 11 ～ 20 | 21 ～ 30 | 31 ～ 40 |
| 乳头高度（cm） | 10 | 15 | 15 ～ 20 | 20 ～ 25 | 25 ～ 30 |
| 饮水角度（°） | 10 | 15 | 15 ～ 45 | 45 ～ 60 | 60 ～ 75 |
| 显示管水位（cm） | — | 15 | 15 ～ 25 | 25 ～ 40 | 40 ～ 50 |
| 出水量（ml/min） | 10 | 10 ～ 30 | 30 ～ 40 | 40 ～ 50 | 50 ～ 60 |

根据显示管水位的高度来调整水线压力：① 1 ～ 2 日龄压力不能太大，否则雏鸡叼不动乳头，这时看不到水位，手碰到乳头可见水一滴一滴地慢慢往下滴；② 3 ～ 10 日龄手碰乳头，出水量如断了线的珠子；③ 11 ～ 20 日龄手碰乳头，出水量如屋檐滴水；④ 21 ～ 30 日龄手碰乳头水流如柱；⑤ 31 ～ 40 日龄出水量明显加大。

要经常检查水线，看是否有堵塞或漏水现象，如有发生要及时修好。

每次用药之后要反冲水线。反冲水线时要先打开放水阀，然后打开减压阀上的直通阀，使水线处于直通状态，根据具体情况，每次冲水 10 ～ 20 分钟。

每次出鸡后要彻底冲水线，先用酸性消毒药浸泡 12 小时，然后再清水彻底冲净残存消毒液，必要时要卸下乳头进行冲洗。

# 第五节 饲喂管理

## 一、饲喂管理的意义

进鸡后要检查雏鸡的采食和饮水情况，通过检查嗉囊的饱满度来判断雏鸡的饮水和采食是否正常，以便及时采取应对措施。在进鸡后的24小时，随机抽取100只小鸡，通过轻轻触摸来检查它们的嗉囊，嗉囊应该柔软。如果嗉囊僵硬，表示鸡只没能喝到足够的水；如果嗉囊肿胀、充满水分，说明鸡只没有吃到足够的饲料。在检查时，至少需要有95%以上的鸡只嗉囊饱满。

## 二、饲喂管理的基本要求

### （一）第一周体重要求

第一周体重要求如下。

在1周龄前，提供额外的喂料空间。除开食盘外，可铺一些草纸在网架上，将少量饲料均匀地撒在开食盘和草纸上，任鸡只自由采食。个别不采食的鸡，要人工辅助采食（方法同饮水或采取拍巴掌或轻扣料盘的办法引导）。

争取使鸡只7日龄体重达到1日龄体重的4.5倍，为160～170 g；7日龄的体重每增加1 g，相当于屠宰体重增加6.7 g。

### （二）饲料添加次数要求

饮料添加次数要求如下。

育雏期少加勤添，保持饲料新鲜适口。

在1～3日龄，每天添料8～12次，2～3小时1次。

4～21日龄，每天添料4～6次，3～5小时1次。

22日龄至出栏，每天添料3～4次，6～8小时1次。

饲料添加量要求如下。

第一周自由采食，能吃多少喂多少。

从第二周到第四周，分次喂料，不限饲。

最后一周自由采食。可采取增加光照时间等措施，促进鸡只多采食，加快增重速度。

饲料添加方法要求如下。

在1～4日龄，全部使用开食盘。

4～5日龄后撤除草纸。

5～7日龄为过渡阶段，逐渐增加料桶个数，减少开食盘个数。

8日龄起全部用料桶或料线喂饲。

饲料料号的更换要求如下。

用3天时间混合，逐渐过渡更换。

## （三）自动料线的使用

采用自动式料线的鸡舍在育雏头5天也要用开食盘（带育雏盘的料线除外），从第6天起每天撤出1/3开食盘，第8天撤完，全部使用自动料线。育雏开始时自动料线与开食盘同时使用，让鸡逐渐适应自动料线。

使用料线时要注意以下几个问题。

料线高度要随着鸡日龄变化逐渐提高，1～10日龄，料盘底在网床上。从第10天起料盘底离开网床，并随着日龄增长每隔5天提高1次，直到35日龄，使料盘上沿与鸡背同高。

料盘内的白内套间隙（控制出料速度）也随着日龄增加而增加，一般喂1号料时其间隙为1指宽，喂2号料时其间隙为2指宽，喂3号料时调到3指宽。

要经常检查料位控制器，料线电机下的料盘及附近的几个料盘白内套间隙要小一些，这样才能及时自动打料。未扩满全群时，要将供料传感器移至有鸡的末端位置使用自动打料，防止没有鸡的地方出现剩余饲料。

### （四）饲喂管理注意事项

饲喂管理应注意以下几点：

使用肉鸡全价饲料时，料中不要加其他药物和添加剂，鸡群发病时最好通过饮水投药。

使用开食盘喂鸡，每次添料时要先将剩料集中在一起，将开食盘用金属清洁球擦净后再添料。集中在一起的剩料用筛子除去杂质后再喂鸡。

饮水或饲料不要距离热源太近，因为这会影响鸡雏的饮水和吃料。

使用料桶喂料时，每天要用百洁布擦 1 ～ 2 次料桶，要让鸡将料吃净后再添料，最好每次添料前空料 1 小时。采用这种方法可提高鸡的采食积极性，有助于后期提高采食量，促进增重。要随着鸡日龄增加不断提高料桶高度，槽上沿与鸡背相平，少喂勤添，经常轰动鸡群多走动，这样可减少腿病和胸囊肿发病率。

每天添料时间要基本固定，适应鸡的生活规律。

抓鸡前 12 小时开始断食，撤出全部料桶，不能停水。

饲料贮存间要保持干燥，防止饲料发霉，地面用木板垫起 20 ～ 30 cm 高，饲料袋不要紧靠墙放置，至少留出 20 ～ 30 cm 空隙。按照先进先出的原则用料，使用前注意检查是否因饲料存放不当造成发霉、结块、变质的情况，杜绝使用变质和过期的饲料。

无论是哪种喂料系统，都必须能够为鸡群提供足够的吃料空间。没有足够的吃料空间，鸡群的生长速度将会受到抑制，并且影响鸡群的均匀度。

# 第六节 免疫方法、操作要求与注意事项

## 一、免疫方法与要求

### （一）滴鼻、点眼

滴鼻、点眼是使疫苗通过上呼吸道或眼结膜进入体内的一种免疫方法。这种方法可以避免疫苗被母源抗体中和，免疫应激小，剂量准确，抗体整齐，免疫效果确实。

操作要求与注意事项如下。

免疫前，先把滴头、滴瓶进行高温消毒。为了确保准确，先用滴管滴 1 ml，计量滴了多少滴，按比例稀释，保证 1 000 头份疫苗免疫 900 只鸡左右。

稀释液选用该疫苗的专用稀释液或蒸馏水，1 000 羽份的疫苗加 36 ml 稀释液，2 000 羽份的疫苗加 72 ml 稀释液（如果滴鼻同时又点眼，水量加倍）。

圈好鸡后，一手抓鸡，用无名指、中指、拇指固定鸡的头部，一手拿疫苗瓶，在滴头距鸡眼或鸡鼻 1 mm 处轻滴一滴疫苗，待全部吸入后，再轻放鸡只，严禁扔鸡。

圈鸡时数量不要太多，避免因挤压、扎堆而造成损失。

免疫速度不宜太快，合理的点眼速度一般在 8 ～ 10 只 / 分钟。初次点眼的要组织好培训，每人用一张报纸，将点完眼的鸡只轻轻放在报纸上，适时检查每张报纸上染料滴数多少来判断免疫质量。

待免鸡只和免后鸡只不能混放，避免漏免。

疫苗要现用现配，配好后最好 40 分钟内用完。

免疫后滴瓶、滴头须经高温消毒后保存。

免疫前、中、后3天，饮水中可添加适量多种维生素以减少免疫应激。

在抓鸡点眼免疫过程中，对弱小鸡只或体质较差的个体要严格挑选后进行淘汰处理。

空疫苗瓶全部焚烧或深埋。

## （二）饮水免疫

饮水免疫适用于大型鸡群，饮水免疫的鸡饮入疫苗的量不均一，抗体效价参差不齐，免疫效果很差，一般不适用于初次免疫，常用于鸡群的加强免疫。

饮水免疫注意以下事项。

饮水免疫的前一天、后一天和当天饮水中停止使用消毒药，可适当添加维生素。

免疫用水须清凉、卫生、不含氯离子和金属离子，可使用蒸馏水或去离子水，也可以用深井水，或将饮用水烧开，放凉后使用。尤其是在冬季，免疫用水一定要提前预温。

饮水免疫所需水量要以当天耗水总量的1/5准备，并保证疫苗溶液饮用时间最短为40分钟，最长不超过1.5小时即可。

根据季节和鸡群情况，饮水免疫以前停水2～4小时，使待免鸡群产生一定程度的渴感。

用清水擦洗饮水器设备，避免有清洁剂或消毒剂残留。免疫用具（免疫桶、水舀、搅拌棒等）全为塑料用具。

计算饮水槽位并合理配置，保证有70%以上的鸡只能同时饮用疫苗溶液。

准备所需水量，提前40分钟按0.3%的比例加入脱脂奶粉（或免疫宝，每片对水100 kg），并混合均匀。

疫苗均为真空包装，在空气中打开易造成空气进入疫苗瓶中，导致在水中结块或搅拌不均匀，因此需在水面以下打开疫苗瓶，并将疫苗瓶反复冲洗干净，使疫苗溶解，而后搅拌均匀。

添加疫苗水时要视鸡群分布情况均匀添加，在能保证疫苗水供应时，要有人负责对没有接触到疫苗水的鸡只进行驱赶轰动，使所有的鸡只都能够喝到疫苗。同时对弱小、呆立、病残或不食不饮的鸡只进行挑选后统一淘汰处理，确保整群鸡当中不存在未免疫鸡只。

炎热季节宜在清早接种疫苗；冬季要在中午或下午进行饮水免疫。

当疫苗水饮用完毕后，鸡群恢复正常饮水，最好添加多种维生素或电解质以降低因免疫带来的各种应激。

空疫苗瓶全部焚烧或深埋。

饮水免疫用水参考量：14～15日龄30 ml/只；19～20日龄40 ml/只。

## （三）皮下注射

皮下注射是将疫苗注入鸡的皮下组织，如马立克氏病疫苗，多采用颈背部皮下注射。皮下注射时疫苗通过毛细血管和淋巴系统吸收，疫苗吸收缓慢而均匀，维持时间长。皮下注射对鸡只免疫应激小、抗体维持时间长，是实际生产中较常用的免疫接种方法。

皮下注射的注意事项如下。

连续注射器须经高温消毒后，再用酒精、生理盐水洗净后方可使用。

接种前24小时将疫苗从冰箱中取出恢复至室温，用前将疫苗摇匀并在注射过程中仍需间断摇动疫苗。

不要在饲喂后立即给鸡群注射疫苗，以避免造成呕吐。

校准注射器的每份剂量，保证剂量准确。

免疫者一手固定鸡只，用拇指、无名指、中指捏起鸡只下1/2颈背部皮肤形成一个三角区，一手拿枪，针头与鸡颈平行刺入三角区，扣动扳机使疫苗注入鸡体，固定鸡只的手有液体进入皮下的感觉，然后拔出针头将扳机回归原位，轻放鸡只。

待免鸡只和免后鸡只避免混放。

挑拣漏免鸡只，重新注射。

将注射器用酒精消毒、生理盐水清洗后，再高温消毒后冷藏。

### （四）喷雾免疫

家禽呼吸系统有特殊的气囊结构，气体经肺运行，并经肺内管道进出气囊，这一特点增大了气体扩散面积，从而增加了疫苗的吸收量，能在气管和支气管黏膜表面产生局部黏膜抗体，建立免疫屏障，有效防止和减少病原体从呼吸道的侵入。

喷雾免疫的优点：喷雾免疫具有省事、省力、应激小等特点，如操作得当，效果甚好，尤其对呼吸道有亲嗜性的疫苗，如新城疫、传染性支气管炎等免疫效果更好。

喷雾免疫的缺点：操作要求高。在实际操作中，如操作不当也容易引起鸡只的应激，尤其容易激发慢性呼吸道病的暴发。如鸡群已经发生上呼吸道感染，喷雾免疫后会加重呼吸道症状，所以要避免不利因素，正确实施喷雾免疫。

喷雾免疫多用于 1 日龄雏鸡在孵化厅进行。

## 二、免疫注意事项

免疫应注意的事项如下。

按规定的免疫程序和疫苗免疫。

疫苗供应必须来自有信誉的厂家，包装、容器、批号、有效期及外观应当齐备合格，接近有效期限的疫苗不要使用。凡无标签、安装破裂、生霉有异物、凝块、变色、冻结等异常情况的疫苗不能使用。保管、运输按疫苗规定的温度要求存放在冰箱或保温桶中。

点眼免疫时，稀释和未稀释的疫苗注意在加冰的保温桶中保存使用，现配现用，随着免疫进度快慢，随时稀释疫苗。稀释后的疫苗应在 40 分钟内用完，并避免阳光直接照射。

按规定方法进行接种，每次滴鼻或点眼的疫苗必须保证鸡只完全吸收后再放鸡。注射剂量和手法要准确无误。饮水免疫要计算好用水量，并按照各桶水量分配疫苗，同时鸡只的停水时间要准确，保证每只鸡都有渴感。

各种疫苗的稀释液要按规定使用，按规定的稀释倍数进行稀释。

防止免疫应激，免疫前一天、当天、后一天在饮水中填加多种维生素。

根据鸡只存栏数，确定实施免疫的人数。点眼免疫时每次圈鸡500只左右为宜，操作时尽量稳、准、快，防止挤压、踩死鸡现象发生。

免疫弱毒苗前后3天内，禁止饮水消毒、带鸡消毒。

用过的免疫器具，经冲洗、高温消毒、自然干燥，以备再用。空瓶等杂物深埋或统一消毒处理，防止病毒扩散。

免疫前后注意温度、通风的管理。避免呼吸道病的发作，影响免疫效果。如有呼吸道病发生应暂停免疫并马上使用优质药物进行防治，待鸡群恢复正常后再行免疫。

## 第七节 特殊管理

### 一、冬季的特殊管理要求

冬季鸡舍的环境控制有以下的特殊要求。

增加墙体的保温性，将墙体有缝隙的地方全部封严。

修补屋顶减少散热，屋顶上铺加草帘或舍内用塑料布吊顶。

改进保温方法。采用地炉、火道或暖气片供热，合理安置火炉，数量足够，分布均匀，使用烟囱排烟。

增加垫料厚度2～3 cm或采用网上饲养。

门、窗户封闭严实，防止贼风。

育雏间两端留有冷空气缓冲带。

使用导风管或天窗和风斗。

进雏前提前 2 天开始预温。

冬季空气干燥，经常洒水以增加湿度；在舍内蒸发食醋或醋精，有净化舍内空气的作用。

在保温的同时，适当进行早期的换气。

## 二、夏季的特殊管理要求

夏季鸡舍的环境控制有以下的特殊要求。

维修鸡舍，减少鸡舍的透光透热，增加屋顶的绝热性。

合理设置排风扇，保证足够的排风换气量，减少鸡舍横截面积以增加鸡背高度的风速。

增加饮水器数量、更换饮水的次数，以保证足够的水源和饮水的清凉。

往鸡舍外墙和屋顶上洒水，以增加散热，减少辐射热。

在鸡舍进风口处设置简易水帘或往鸡舍内喷洒水雾。

适量投抗热应激药，如维生素 C（每吨水 200 ～ 300 g）或碳酸氢钠（每吨水 200 ～ 800 g）。

# 第八节 应激管理

## 一、应激的概念

应激是指作用于鸡体的一切环境刺激引起机体内部发生的一系列非特异性反应或紧张状态的统称。

这些环境刺激包括冷、热、噪声、环境条件、管理水平、营养和疾病的感染等。动物机体对外界的应激有一定的应变和适应能力，所以尽管外界环境不断地发生变化，鸡的生长发育和生产性能并不表现异常。如果应激的强度过大或持续时间过长，超过了机体的生理耐受力，则影响鸡的生长、发育、繁殖和抗病能力，甚至直接引起死亡，给养鸡生产带来一定的损失。在养鸡生产中，尤其是集约化生产条件下，由于饲养密度加大，加之气候骤变、免疫接种、转舍、分群、捕捉、断喙、高温、缺水、光照变化等因素导致的应激反应，严重影响鸡的生长发育和产蛋性能。为此应采取有效措施，以预防应激的发生或使应激造成的损失降低到最低限度。

## 二、应激的分类

一般情况下，可以根据应激源不同把生产中的应激分为环境性应激、社会性应激和管理性应激 3 种。

环境性应激有：鸡舍温度过高、过低或大幅度升降，通风不良、鸡舍沉闷、氨气浓度持续偏高，贼风，光线过强，突然声响，光照制度的突然变化等。

社会性应激有：鸡群数量多，密度过大等。

管理性应激有：缺食，断水，免疫接种，扩群、转群，饲养人员与作业程序的变换等。

生产中鸡群每天都经历或轻或重的应激。轻度应激或单一应激鸡只比较容易耐受，但过度应激或多重应激会对养鸡生产造成危害。应激使鸡只表现高度神经质，心跳加快，采食下降，生长迟缓。强度大的应激，会使法氏囊、胸腺与脾脏萎缩，同时使淋巴系统作用衰退，抗体产生减少，抵抗力消弱，易患病毒性疾病。

## 三、防止应激的措施

防止应激的措施主要有两个方面。

一是改善饲养管理条件。保持各种环境因素尽可能的适宜、稳定或渐变；注意天气预报，对热浪与寒流要及早预防；按常规进行饲养管理；鸡群的大小与密度要适当；接近鸡群给以信号；尽量避免连续进行可能引起鸡群骚乱不定的技术措施；谢绝参观者进入鸡舍。

二是添加抗应激药物。在饲料或饮水中添加多种维生素等，对防治鸡群应激有一定作用。

## 第九节 报表管理

正确、翔实的记录，不仅可以使饲养人员明确地掌握鸡群生长情况，也便于管理人员监督、调整，更是作为以后改进工作的参考资料。因此，《饲养记录》《剩料单》等各种报表一定要认真、如实地填写。

### 一、报表填写方法

报表填写方法如下。

进鸡当天为 1 日龄，夏季改为晚上接雏的第二天为 1 日龄，即以公司实际开具的发票日期为第一日龄。

每天截止时间要统一，如：第一天的 20：00 至第二天的 20：00 算一整天。

每日中午及晚间分别记录最高、最低温度及湿度。

每日 20：00 记录死淘、实存、料号、日耗料、饮水量情况。

每周末称重（要在加料前进行），并记录周末体重。夏天晚上进鸡，在实际周末进行称重；其他季节为 8 天时进行称重。

消毒、免疫、用药后及时填写《用药记录》。

## 二、报表管理注意事项

报表管理应注意以下几点。

称重：每周末晚上 19：00 ～ 20：00，随机抽样 1% ～ 2%，每次称重前要校准磅秤。

饲料更换：详细记录饲料更换的时间、料号、更换情况。

签名：兽医及技术服务人员、管理人员要在报表上签名。

特殊情况记录：如温度引起的意外事故，环境变化引起的应激（如天气变化、突然停电等），鸡只大批死亡或不正常，误用药物，饲料出现过期、霉变、淋湿、结块等情况需详细记录。

# 第十节 观察鸡群

经常观察鸡群是肉仔鸡管理的一项重要工作。通过观察鸡群，一是可促进鸡舍环境的随时改善，避免不良因素所造成的应激；二是可尽早发现疾病的前兆，以便早防早治。

## 一、观察行为姿态

正常情况下，雏鸡反应敏感，眼明有神，活动敏捷，分布均匀，如扎堆或站立不卧，闭目无神，身体发抖，不时发出尖锐的叫声，拥挤在热源处，说明育雏温度太低；如雏鸡撑翅伸脖，张嘴喘气，呼吸急促，饮水频繁远离热源，说明温度过高；雏鸡远离通风窗口，说明贼风冲击；当头、尾和翅膀下垂，闭目缩颈，行走困难时则为病态表现。

## 二、观察羽毛

正常情况下羽毛舒展、光润、贴身。如全身羽毛污秽或羽毛脱落，表明湿度过大；如果全身羽毛蓬乱或肛门周围羽毛粘有黄绿色或白色粪便或黏液时，多为发病的象征。

## 三、观察粪便

正常的粪便为青灰色，成形，表面一般覆盖少量的白色尿酸盐，当鸡患病时，往往排出异样的粪便，如患出血性肠炎或球虫病时排血便；患传染性法式囊病、传染性支气管炎或白痢病时排出白色石灰浆样的稀粪；绿色粪便多见于新城疫。

## 四、观察呼吸

当天气急剧变化、接种疫苗、舍内氨气含量过高和灰尘大的时候容易引发呼吸道病，所以遇有上述情况时，要观察呼吸频率和姿势是否改变，有无流鼻涕、咳嗽、眼睑肿胀和异样的呼吸音。

## 五、观察饲料用量

鸡在正常情况下，饲喂适量的饲料应在当天吃完，当发现鸡采食量逐渐减少时就是疫病的前兆。当发现给料量一致的情况下，有部分料桶剩料过多时，就要注意附近鸡群是否有病鸡存在或周围环境条件有异常，并加以认真解决。

## 六、弱残病鸡淘汰

对弱残病鸡定期进行挑选淘汰，以防传染全群，在规模化小区养殖时此项措施的意义更加显著。

# 附录 1

# 商品代肉鸡每日管理工作要点（55 天）

| 日龄 | 项目 | 作业内容及基本要求 |
|---|---|---|
| 进雏前<br>15 日 | 清理鸡舍 | 作业内容：①饲养设备搬到室外；②彻底清除鸡舍粪便；③气泵除尘，同时清扫房顶、墙壁、窗台<br>基本要求：无鸡粪、羽毛、砖块等残留，鸡舍四周要见新土<br>备注：设备包括：料桶，饮水器，可拆除的棚架，塑料网，灯泡，温度计，温、湿度计，煤炉，工作服，挡帘，开食盘，水箱，散热片等 |
| 进雏前<br>11～14 日 | 清洗鸡舍 | 作业内容：①将饲养设备放于舍外，用清水冲洗干净，晒干；②使用“百毒杀”清洗消毒网床，网床支架、地面、鸡舍内部墙壁、料盘、料桶、真空饮水器、铁锹、粪耙等，1～2 小时后用清水冲洗尘垢、泡沫<br>基本要求：①地面无积水；②舍内任何表面都要冲洗到无脏污物附着。特别注意检查：隔断帘、网上鸡毛、支架鸡粪等卫生死角要冲净（尽量达到新鸡舍标准）<br>备注：①清扫、清洗应由上至下，由内向外。设备及地面干燥后方可消毒（用大流量高压冲洗机）；②冲洗干净后，开风机排湿及排出鸡粪味 |
| 进雏前<br>9～10 日 | 检修<br><br>治理环境 | 作业内容：①维修鸡舍设备；②检修电灯、电路和供热设施（漏电保护器）；③清除舍外排水沟内杂物；④清理鸡舍四周杂草；⑤鸡粪清走 / 清扫院落（定期将被污染地面清除，回填）；⑥打扫宿舍，搞好个人卫生；⑦提前灭鼠灭蝇<br>基本要求：①设备至少能保证再养一批鸡，否则应更换；②无鸡粪、羽毛、垃圾、凹坑；排水畅通；进风口外无障碍物<br>备注：①损坏的灯泡要全部换好；②上批料袋要处理，鸡粪、药袋、垃圾清走；③热季风机检修保养是重点，需有备用电机，皮带 |

（续表）

| 日　龄 | 项　目 | 作业内容及基本要求 |
| --- | --- | --- |
| 进雏前<br>8 日 | 安装设备；<br>鸡舍外环境消毒 | 作业内容：①把设备搬进鸡舍，安装棚架、塑料网和护围；②关闭门窗和通风孔；③消毒药液喷洒鸡舍外部环境<br>基本要求：3% 火碱液，水温 20℃，喷洒鸡舍前后 20 m 范围内，小区净道、脏道。800 ～ 1 000 ml/m$^2$<br>备注：育雏用网与育成网分别安装 |
| 进雏前<br>7 日 | 鸡舍设备消毒 | 作业内容：①所有饲养用具用过氧乙酸或安保 2000 等消毒剂湿擦；②电机、风扇叶、烟囱等用欧福或安保 2000 等消毒液湿擦；③水线、水箱用“赛可新”浸泡之后用清水冲洗<br>基本要求：“全洁”2% 浓度浸泡 24 小时后冲洗，或按厂家指导使用<br>备注：按说明浓度配制，消毒后放入舍内 |
| 进雏前<br>6 日 | 鸡舍内环境消毒 | 作业内容：①挂好温度计和湿度计；②使用消毒液（过氧乙酸、欧福、碘制剂等）对棚架、塑料网等进行消毒<br>基本要求：①温度计的触头按季节要求悬挂；②消毒后开风机排湿，排除鸡粪味<br>备注：人员入舍前鞋底应认真消毒，网架表面要求平滑，无钉头，毛刺 |
| 进雏前<br>4 ～ 5 日 | 安装设备 | 工作内容：①安装采暖设备（煤炉、烟囱等）；②开食盘、饮水器入舍；③关闭门窗和通风孔<br>基本要求：50 只雏鸡一个开食盘、一个饮水器 |
|  | 熏蒸消毒（鸡舍熏蒸消毒根据季节任选一种） | 作业内容：①安灭杀全舍喷雾；②农副全舍喷雾或用卫可 1∶5∶20（卫可∶烟雾增强剂∶水）每平方米 15 ～ 20 ml 进行熏蒸消毒<br>基本要求：①安灭杀 1∶200 倍稀释，按鸡舍内部表面积计算，每平方米 800 ml，喷洒顺序由上到下，由里到外；②农副 1∶500 稀释，按鸡舍内部表面积计算每平方米 300 ml，喷洒顺序由上到下，由里到外<br>备注：鸡舍密闭；检查修补鸡舍，防止贼风侵袭，确保鸡舍密封完好 |

（续表）

| 日龄 | 项目 | 作业内容及基本要求 |
|---|---|---|
| 进雏前3日 | 育雏室设置与预温 | 作业内容：①每栋鸡舍门口设消毒盆；②育雏室设置占鸡舍1/2面积，设计好每小圈多少只鸡，保证均匀度与整齐度；③开始生炉预温；④防火安全检查，检查煤炉、烟囱<br>基本要求：①育雏室两边用一层塑料布从棚架底部到舍顶进行密封；②排除火灾隐患，防止漏烟、倒烟现象<br>备注：人员进入时必须穿消毒过的鞋和衣服；夏季提前24小时预温 |
| 进雏前1～2日 | 预温及准备接雏工作 | 作业内容：①准备好兽药、疫苗以及记录表格；②准备好1号料；③冲洗干净小饮水器、料盘备用；④检查并准备好水线；⑤准备足够40瓦白炽灯；⑥进鸡前1天，鸡场整体3%火碱消毒<br>基本要求：①网床上铺草纸（或报纸、牛皮纸）1～2层；②达到（超过）开始育雏温度，湿度65%～70%，地面多浇水；③有乳头饮水器的乳头下小碗需人工蓄满水一次 |
| 0日（接雏） | 称重<br>开饮<br>开食<br>观察<br>光照<br>值班 | 作业内容：①雏鸡到舍前半小时左右摆好饮水器；②将雏鸡盒均匀放在育雏室内，查清数量，并抽取2%称重，按圈迅速倒鸡；③观察温度与鸡群情况；④饮水后及时给料；⑤饮不到水的鸡只人工诱饮；⑥24小时光照；⑦夜间开始有人值班<br>基本要求：①垫纸温度要达到30～32℃；②雏鸡到之前30分钟内将舍温降到并保持30℃，卸雏后逐渐将舍温升到雏鸡舒适的温度；③用20℃左右温开水中加入3%葡萄糖或开食补液盐开饮；④每只雏鸡都要饮到水，否则人工训水；⑤每2小时给料一次，少给、勤添，不会吃料者人工训食；⑥使雏鸡分布均匀，不扎堆、不洗澡；⑦光照24小时（40瓦）<br>备注：①葡萄糖或开食补液盐，饮水量不要过多，仅够当天用量即可；②训水、训食方法：轻轻敲击饮水器、食盘，个别鸡人工抓起将头轻按在水、食盆中，即拿出；③注意根据湿度调整舍温，每天随时检查温度，特别是在夜间 |

（续表）

| 日　龄 | 项　目 | 作业内容及基本要求 |
|---|---|---|
| 1 | 记录工作<br>常规工作检查 | 作业内容：①喂料 24 小时后检查嗉囊；②观察雏鸡动态、采食情况、鸡粪色泽，检查温度，湿度；③注意早通风；④ 24 小时光照；⑤用药<br>基本要求：① 95% 雏鸡达到嗉囊有水、料；②洗涮饮水器后，放入 20℃左右温开水；③喂料要少量勤添，每日 10 次；④雏鸡活泼好动，不扎堆，温度达到管理要求<br>备注：①水质差的养殖户育雏第一周一直用 20℃左右温开水；② 1 ～ 3 天 1 台 60 风机（175 $m^3$/ 分钟）5 分钟内开启时间不低于 10 秒（7 000 只左右冷季横向）；③嗉囊无水、料鸡只挑出单独管理；④用药按保健程序 |
| 2 | 常规管理 | 作业内容：日常管理：喂料，换消毒液，记录，清粪，观察鸡群，调整温度、湿度，卫生等日常管理<br>基本要求：随时拣出料盘中粪便等污物，注意清洗饮水器<br>备注：换气、用药按程序 |
| 3 | 常规管理 | 作业内容：①观察鸡群、淘汰病弱雏；②注意煤炉、烟道及时通风；③撤纸一半；④诱导雏鸡熟悉水线饮水<br>基本要求：①每隔 3 小时给料一次；②谨防煤气中毒；③水线乳头出水量 20 ～ 30 ml/ 分钟（以后每周调节，按乳头出水量 = 周龄 ×7+35）<br>备注：①雏鸡个体较小时，重新铺纸，防止鸡腿漏入网下；②换气、用药按程序；③可适当调节水线水压，乳头上出现水珠即可 |
| 4 | 常规管理<br>整理饮水罐 | 作业内容：①观察雏鸡饮水、检查水线；②垫纸撤完<br>基本要求：①雏鸡熟悉水线饮水；②淘汰个别弱小鸡<br>备注：按程序用药，自然通风换气 |
| 5 | 常规管理调整<br>整理饲喂设备 | 作业内容：①其他工作同上；②饮水罐撤 1/3<br>基本要求：①当天用 50 只鸡提供一个料桶底盘；②挑选弱小鸡单独饲养<br>备注：①夜间熄灯 1 小时；②雏鸡个体较小时，使用乳头饮水困难时，饮水罐延长到 8 ～ 10 天 |

（续表）

| 日　龄 | 项　目 | 作业内容及基本要求 |
| --- | --- | --- |
| 6 | 常规管理 | 作业内容：①饮水罐撤 1/3；②撤走 1/3 开食盘，换成料筒，避免浪费料<br>备注：6～8 天 1 台 60 风机 5 分钟内开启时间每天增 5 秒 |
| 7 | 常规管理 | 作业内容：①饮水罐撤 1/3；②晚上 7：00 时称重；③撤走 1/3 开食盘，换成料筒，避免浪费料<br>基本要求：抽测 2% 鸡只称重<br>备注：同上 |
| 8 | 常规管理 | 作业内容：①撤走剩余 1/3 开食盘；②免疫前后 3 天添加多维；③光照 18 小时<br>基本要求：本周舍温逐步降至 29℃<br>备注：体重达出生重 4 倍时，夜间熄灯 6 小时，关灯时间必须固定 |
| 9 | 常规管理<br>调整设施<br>免疫 | 作业内容：①新支二联苗（或新城疫 IV 系）点眼或滴鼻；②扩群间提前预温；③挑出弱小鸡单独饲养<br>基本要求：①免疫时抓鸡要轻，待疫苗完全进入眼睛或鼻孔才放鸡，剂量按说明；②不要出现漏免鸡只；③适当增加料桶、饮水器；④免疫时注意温度；⑤上、下网床要换鞋<br>备注：悬挂料桶，9～13 天后 1 台 60 风机 5 分钟内开启时间每天增加不低于 7 秒 |
| 10 | 常规管理 | 作业内容：①扩群预温；②常规管理工作同上；③夜间闭灯后，细听鸡群有无呼吸异常声音<br>基本要求：免疫后要注意温度、湿度、通风 |
| 11 | 常规管理 | 作业内容：①扩群到鸡舍的 2/3；②其他同上；③夜间闭灯后，细听鸡群有无呼吸异常声音<br>基本要求：注意温度、湿度<br>备注：冬季扩群提前 2～3 天 |
| 12 | 常规管理<br>调整设施 | 作业内容：①常规管理同上；②调整料桶（水线）高度<br>基本要求：料桶底盘（上）边缘与鸡背同高<br>备注：随鸡日龄增加，料桶高度要经常调整，2 天调整 1 次，同时检查水线水压，看每个乳头是否出水 |
| 13 | 常规管理 | 作业内容：其他工作同上<br>基本要求：增加换气量（冷季横向） |

（续表）

| 日　龄 | 项　目 | 作业内容及基本要求 |
|---|---|---|
| 14 | 常规管理<br>称重 | 作业内容：①扩群间预温；②其他工作同上；③称重方法同上<br>基本要求：增加换气量（冷季横向）<br>备注：保证舍温平衡，舍内空气良好 |
| 15 | 常规管理<br>扩大育雏面积 | 作业内容：①扩群准备；②其他工作同上<br>基本要求：增加换气量（冷季横向）<br>备注：注意粪便状况，15 天后 1 台 60 风机 5 分钟内开启时间每天增加不低于 10 秒 |
| 16 | 常规管理 | 作业内容：①扩群到全舍（夏季）；②常规管理同上<br>基本要求：①扩群时尽量减少应激，用饲料人工诱导使鸡均匀布满整舍；②增加换气量（寒冷季节用导管横向通风） |
| 17 ～ 18 | 常规管理<br>带鸡消毒 | 作业内容：①夜间闭灯后，细听鸡群呼吸异常声音；②其他同上<br>基本要求：①用卫可 1∶200（80 ～ 100 ml/$m^2$）或 0.1% 过氧乙酸带鸡消毒；②增加换气量（冷季横向）<br>备注：准备 2 号料 |
| 19 | 常规管理<br>换料 | 作业内容：①管理同上；② 1 号饲料中混加 1/4 的 2 号料<br>基本要求：饲料要混匀<br>备注：至 22 日逐步把 1 号料换成 2 号料，注意鸡只反应 |
| 20 | 常规管理<br>换料准备工作 | 作业内容：①管理同上；②饲料中混加 1/2 的 2 号料；③准备料、水桶、采暖设施；④免疫前后 3 天添加多维<br>基本要求：①摆放料桶、饮水器，放好水、料；②采暖设备无故障；③饲料要混匀<br>备注：①注意调好料槽高度；② 21 日免疫前需彻底检查水线乳头，保证免疫效果 |
| 21 | 常规管理<br>免疫接种<br>换料<br>称重 | 作业内容：①免疫方式，点眼或饮水；②饲料中混加 3/4 的 2 号料；③称重方法同上次；④冬季最后扩群准备<br>备注：① 21 ～ 40 日龄易发生传染性法氏囊炎，每天要仔细观察粪便，如发现乳白色稀粪，立即报告鸡舍人员；②加强管理，注意免疫后温度 |

（续表）

| 日　龄 | 项　目 | 作业内容及基本要求 |
|---|---|---|
| 22 | 常规管理 | 作业内容：①管理同上；②调整料桶、饮水器的高度；③冬季最后扩群准备<br>基本要求：①开始全部使用2号料，每隔4小时给料；②免疫后要特别注意温度管理<br>备注：①注意免疫后温度；②湿度控制在50%～55% |
| 23 | 常规管理 | 作业内容：扩群，管理同上<br>基本要求：适当通风<br>备注：注意湿度管理（自备喷雾给药机，如发生呼吸道病可进行喷雾给药） |
| 24 | 常规管理 | 作业内容同上<br>基本要求：同上<br>备注：同上 |
| 25 | 常规管理<br>带鸡消毒 | 作业内容：同上，饮水中添加多维<br>基本要求：同上<br>备注：同上 |
| 26 | 常规管理 | 作业内容：饮水中添加多维<br>基本要求：加强通风<br>备注：①注意药物停药期；②其他同上 |
| 27～33 | 常规管理<br>换料<br>带鸡消毒 | 作业内容：①管理同上；② 28 日龄称重<br>基本要求：①加强通风；②夏季温度过高，要辅以风扇等降温设施<br>备注：①冬季在保温的同时，要注意通风，谨防腹水症发生；② 30 日龄后禁用任何药物、同时注意湿度控制 |
| 34～36 | 常规管理 | 作业内容：① 35 日龄称重，过度3天换三号料；②管理同上；③计划出栏准备；④每日增加光照1小时，直到关灯2小时为止<br>基本要求：加强通风<br>备注：根据体重、鸡群状况确定出栏时间 |
| 37～39 | 常规管理<br>称重<br>联系出栏<br>总结 | 作业内容：①管理同上；②清点所剩饲料，计划饲喂天数<br>基本要求：注意通风、换气，剩余饲料要计算好，不可有多余量 |

（续表）

| 日　龄 | 项　目 | 作业内容及基本要求 |
|---|---|---|
| 40 | 出栏准备 | 作业内容：①准备拦鸡网；②找好抓鸡人员；③控制使用饲料，出鸡时间确定后，提前 10 小时断食（悬挂或拿走料桶）；④记录清点鸡数，完整填写记录表<br>基本要求：不要造成饲料浪费，养鸡户要准备开检疫证、消毒证，准备好饲养记录、用药记录表、剩料单等，随车同行<br>备注：冷季抓鸡前 8 ～ 10 小时，逐渐把舍温降低到 15 ～ 18℃，防止路途冷应激造成鸡只死亡 |
| 41 日至出栏 | 出栏 | 作业内容：送鸡时养殖户要持检疫证、消毒证、饲养记录、用药记录表、剩料单等，随车同行<br>基本要求：一定检查检疫证填写的内容：字迹是否清楚，车号、数量、填写日期是否正确等；注意停料时间和运输距离确定抓鸡时间<br>备注：押车途中注意路况、天气等情况，采取合理措施防止发生意外 |

# 附录 2

## 肉鸡饲养的常见问题及解决办法

### 1. 商品肉鸡饲养前景如何?

鸡肉作为一种高蛋白低脂肪食品，受到越来越多的消费者青睐。至2006年中国鸡肉产量已是世界第二，仅次于美国。中国的年人均消费是9 kg，而美国则是45 kg。所以我国市场空间还相当大。对于养殖户来说，要尽可能地降低饲养风险，躲避市场风险，与一条龙肉鸡企业合作，饲养合同肉鸡才是最明智选择。

### 2. 商品肉鸡的饲养效益如何?

一般农户饲养5 000只/批肉鸡，根据饲养成绩，每批收入多在5 000～20 000元不等，每年可饲养6批，保守计算年收入基本在30 000元以上，经济效益可观，是促进增收致富的好项目。

### 3. 商品肉鸡的饲养周期多长?

商品肉鸡一般根据屠宰加工的要求不同，饲养时间也不一样，如供给世界知名品牌的肯德基，活毛体重要求在1.75～1.85 kg，饲养34天左右；若分割产品，活毛体重需控制在2.6 kg，饲养40～42天，空舍期一般为14天，饲养周期为48～56天。

### 4. 养肉鸡是否签订回收合同?

目前饲养肉鸡大都跟大的一条龙企业合作，签订饲养回收合同，好处一是不用担心出栏，能保证成鸡的正常销售；二是大的企业会免费提供专业技术服务；三是饲养户可以降低市场风险，只需要按照技术员的指导科学操作即可。

### 5. 饲养合同肉鸡需具备怎样的文化程度?

饲养肉鸡对文化程度没有太多的要求，但必须勤劳、细心、虚心、耐心。

### 6. 饲养合同肉鸡需要多少资金、资金不足怎么办？

目前饲养合同肉鸡需要押金 20 元 / 只，但是各区县、乡镇基本都有肉鸡养殖专业合作社，除了政府支持小额贷款外，还可以和部分肉鸡合作组织协商，由合作组织垫付部分资金，每只鸡交纳押金 5 ～ 15 元即可。

### 7. 雏鸡、饲料谁来供应？饲养管理、疫病防治找谁指导？

合同肉鸡实行“六统一”模式，即统一供雏、统一供料、统一防疫、统一用药、统一回收结算、统一环境控制。运输费用和车辆有肉鸡一条龙企业承担，并安排专业技术员定期免费到鸡舍巡视，手把手传授养殖经验和疫病控制技术，饲养户只管专心在家养鸡即可，出现问题时打个电话就会有人来指导，非常省心。

### 8. 一家两口人能养多少只鸡？

这要看设备如何，目前美国人养鸡全部电脑控制可以每人养 10 万只，我国机械设备好的可养 2 万～ 4 万只；鸡舍一般的，有风机水帘、机械刮粪的可养 1 万～ 2 万只。

### 9. 鸡养成了交鸡是否容易？

只要与有信用的大公司签订饲养回收合同，交鸡就成了非常方便的一件事。提前预约宰鸡时间，根据出栏鸡数量和体重确定毛鸡运输车辆，找好专业抓鸡人员及时将鸡装上车，按时运到屠宰场即可。

### 10. 商品肉鸡饲养为什么采用全进全出制？

全进全出制切断了疾病的传播途径，有利于疾病的控制和统一饲养管理。

### 11. 肉鸡在地面上养还是架上网养？是否可以笼养？

以上 3 种方式都可以，但是地面饲养由于地面饲养鸡直接接触鸡粪易发病不利于管理，近十几年来多数从地面改网上饲养，既减少了疾病发生，又提高了成鸡的品质，增加了饲养效益。目前受到物价上涨和人员成本增加的影响，各地都积极筹建笼养鸡场。

### 12. 在村子里养鸡行不行？

不行，因为我国农村多有饲养鸡、鸭、鹅的习惯，每户数量虽然不多，但都不做免疫，再加上管理松散，极易传播疾病。为了控制好疾病，鸡场应建在距村庄 1 000 m 以外高燥、向阳的地方。

### 13. 鸡舍占地是否合法？怎样用地更合理？饲养肉鸡政府是否有扶持政策？

鸡舍占地属农业用地，除禁养区、限养区外，其他地方可以考虑。建鸡舍没有改变土地性质，只要不是永久性建筑即可。鸡舍占地越宽浪费土地资源越少，目前一般鸡舍多为 12 m 宽，机械化高的可以达到 15 m。因地区不同，扶持力度也不一样，部分地区为促进肉鸡产业发展有扶持政策。

### 14. 鸡舍建造有哪些要求？

厂址选择要注意：地势高燥、远离污染源、村镇、屠宰场和集贸市场等地。搭建时注意防火、防水设计，鸡舍建造选择耐腐蚀性强、抗酸地面。独立的水源、便利的交通、稳定的电源。鸡舍长、宽、高、走向等根据地势设计。

### 15. 鸡舍升温、保温、降温措施有哪些？

升温措施有：热风炉、地炉、天燃气或地热供暖等。保温措施有：将不用的窗子用保温材料堵严，挂好门帘，外墙、房顶加保温设备；使用导管通风技术等。降温措施有风机、湿帘、遮阳网、喷雾器、高压水泵等。温度略高时开风机降温即可，温度达 32℃以上时用风机湿帘降温。

### 16. 养鸡需要哪些饲养器具？

饮水设备：真空饮水器、乳头式饮水系统、大水缸或塑料水桶、水舀子等。饲喂设备：开食盘、8 kg 的料桶、料塔、自动料线、上料车、清粪车、刮粪耙、温度计、喷雾器、冲洗机等。

通风、增温、降温设备：如暖风炉、风机、湿帘、侧窗等。

### 17. 为什么鸡场都设立防疫重地、闲人免进警示牌？

外来人员可能和外边的病禽、粪有过接触，携带疾病可能会对本场造成感染，所以要禁止外人进场。非进不可的必须经过严格消毒后才能进场，防止来客将外来疾病带入。

**18. 厂区门口为什么要做消毒池？怎样做？**

做消毒池的目的就是对车辆特别是轮胎、人员鞋底的消毒。车辆消毒池一般宽 3 m、长 5 m、深 0.3 m。人员消毒通道宽 1.2 m、长 3 m，地面铺毡子或麻袋片，顶部安装紫外线灯或自动喷淋装置。鸡舍入口做 40 cm × 40 cm × 5 cm 深的脚踏消毒池。

**19. 商品鸡场环境卫生如何保持？厂区是否定期消毒？**

鸡场内每周都要定期清扫保持干净，每周对厂区做 1 ～ 2 次消毒。

**20. 进鸡前鸡舍为什么要冲洗？**

经过饲养的鸡舍存在大量的鸡粪、羽毛、粉尘等杂物，均带有细菌、病毒，如不清理消毒雏鸡到达后即可感染发病，严重影响养殖效果，因此，进鸡舍前要彻底清理、冲洗、消毒。

**21. 水箱、水线是否需要消毒？**

水箱、水线内表面时间长会长青苔或生物膜，如不处理会滋生细菌、堵塞管道，影响供水，所以需要定期反冲和清理消毒。

**22. 鸡舍为何做熏蒸消毒？**

鸡舍虽然进行了彻底的清扫、清洗、消毒药物喷洒，但是仍有许多角落、缝隙药物无法进入，不能达到消毒目的。因此，采用烟熏的办法，烟雾可以进入各个角落从而达到消毒效果。

**23. 鸡舍为何做空气消毒？**

病原微生物可以在空气悬浮微粒中生存，悬浮微粒是病原的重要载体。病原微生物可以随风传播几千米至几十千米，当空气中的相对湿度为 55%时，病原的存活时间比相对湿度 85%时更长。在干燥的季节要加强消毒，许多疾病多在冬春季节流行，刮风后鸡舍必须消毒。消毒时需注意如下事项：①消毒剂温度：用水温度因肉鸡日龄而定，育雏前 10 天内不用消毒，鸡 10 ～ 22 日龄时用温水（水温要高于舍温），23 日龄后或夏季用凉水，冬天宜用温水。夏季消毒可选在气温最高时，用凉水可起到防暑降温作用；②喷雾器：消毒用背负式手摇喷雾器或高压喷雾器；③操作要求：喷雾前要关闭门窗，喷雾嘴朝上，使药液如雾一般缓慢下落，一般情况下不得直喷鸡体。药液要喷到墙壁、屋顶、地面，以均匀湿润和鸡体表稍湿为宜。

**24. 为什么每天都要做饲养记录?**

每日应当记录：日期、日龄、温度、湿度、光照、密度、死亡只数、耗料数量、饮水量、用药方法数量、免疫、消毒、处理死鸡等。饲养记录主要用来分析鸡群生长发育状况，在鸡群出现异常时请兽医前来诊治，利于以后总结经验、吸取教训。

**25. 饲料如何存放?**

饲料要求存放在通风、干燥、阴凉的地方，料袋要离开墙壁，跺与跺之间留有缝隙，地面加防潮垫堆放以免受潮。

**26. 育雏时需要多大面积? 冬季和夏季是否相同?**

育雏的面积直接影响雏鸡均匀度，如果面积较小，雏鸡拥挤扎堆，吃料、饮水不及时，影响早期增重。面积太大造成煤火费过高，鸡雏离料、水太远，也不利于雏鸡发育。育雏面积冬天与夏天不一样，冬季育雏每平方米 30 只，7 天后扩群到每平方米 25 只，14 天后每平方米 18 只，21 天后每平方米 15 只，28 天后扩群完毕。夏季育雏每平方米 25 只，一周后 20 只，18 天后扩群完毕。

**27. 育雏期注意什么?**

要求进雏前提前预温，鸡舍密闭，育雏期注意换气、防止缺氧、煤气中毒、温度忽高忽低和贼风。注意初饮水温和开食，水料一起给，少给勤添等。

**28. 育雏时为什么铺垫育雏纸? 怎样做最理想?**

铺垫育雏纸一是增加舒适度防止贼风，利于脐带愈合及卵黄吸收；二是可以在纸上撒饲料，鸡只啄食时会发出响声诱导雏鸡采食，减小采食半径；三是减少腿病，网眼较大，铺纸后鸡只可以运动自如。铺吸水性好的纸最好，并且要提前一天铺上。

**29. 鸡到达后如何喂水喂料?**

雏鸡到达后，水料要求一起上，但要求水温必须达到 18 ～ 21℃，饮水器要充足，均匀摆放，防止凉水刺激雏鸡肠道，影响肠道发育和 7 日龄体重。先将料撒于纸上，喂料面积要大，要让每只鸡在第一时间内尽量吃到相同的水和料。

### 30. 育雏期对全程饲养有哪些影响？

育雏期是骨架和重要组织器官生长的重要阶段，要求一周末体重达到或超过 160 g。育雏一周末体重如果差 1 g，那么交鸡时将差 6 g。因此要求：雏到场后马上给水喂料。初饮水温 20℃以上，1 ～ 3 日龄为刺激食欲要少喂勤添，用颗粒破碎料。饮水器、喂料器要具充足，确保早期营养水平和均匀度。注意温度和湿度的及时调整以适应鸡只生长，还应注意及时通风换气。

### 31. 鸡舍内氧气不足有哪些感觉？怎么办？

鸡舍内氧气不足主要表现在鸡多卧少动，张口呼吸较多，人感觉胸闷憋气，火炉燃烧不旺等等。应打开部分天窗和侧窗进行通风换气或机械通风。

### 32. 为什么要通风换气？

鸡在生长过程中吸进氧气、排出二氧化碳，同时鸡的粪便也会散发硫化氢、氨气、一氧化碳等有害气体，为排出有害气体、降低湿度、粉尘，增加舍内氧气含量等就必须通风换气。一般鸡舍内气味越小越好，在保温前提下，尽量进行通风换气。

### 33. 为什么要及时清理鸡粪？

因鸡粪在鸡舍内不断堆积，会不断产生有害气体，影响鸡舍内空气质量。及时清理鸡粪可以减少有害气体的积聚、减少换气量、减少热量消耗、降低湿度等，空气污浊会增加鸡群发病的机会。鸡粪清理出鸡舍后，应堆放在鸡舍下风处并覆盖，发酵处理后尽快运走。

### 34. 养鸡场为什么会天天有死鸡？鸡死多少为正常范围？

因饲养肉鸡是个大群体，鸡群中存在病弱鸡，并不断地死去是很正常的。正常的病死率为：1 周龄内雏鸡死亡率 1% 左右，中期每日死亡不超过 1.2‰，后期每日不超过 2‰。死亡率增多时，应尽快找兽医前来确诊治疗。

35. 死鸡如何处理?

要正确处理死鸡，以避免污染环境，防止与其他禽畜的交叉感染，同时不会殃及附近区域。处理方法有如下几种。

深埋法：是传统的处理死鸡方法，优点是此方法经济合算且只产生少量异味；缺点是弃尸坑可能是疾病的蓄积处，值得关注的是地下水污染问题，有些地方已被禁用。

焚化法：为另一种传统的处理死鸡的方法。优点是不会污染地下水，也不会与其他处于正常管理条件下鸡只交叉污染。本方法仅有极少的残余物（骨灰）需清除出场；缺点是成本比较昂贵，且可能造成空气污染。在许多地方，为防止空气受到污染，焚化法的使用已受限制。焚化时要确保鸡体被完全烧为白色灰烬为止。

高温水解处理：即将死鸡跟羽毛一起放在水解罐中蒸煮，高温处理后做成羽毛粉。

36. 鸡出现少喝水或多喝水怎么回事?

鸡群饮水量受温度、采食量的影响较大。如果不是饮水系统出现问题，采食量降低、气温低时都会减少饮水，气温高时会增加饮水量。在出现肾脏疾病时，由于鸡拉水便，也会多饮水。

37. 部分鸡张着嘴是怎么回事?

鸡没有汗腺，当温度较高时，鸡会张口换气并将体内热量散出以降低体温。但有时鸡也张嘴喘气，嘴一张一合的，还有闭眼现象，此时的鸡多是由于疾病导致的呼吸困难，应尽快预防治疗。

38. 部分鸡都往一块扎堆是怎么回事?

鸡扎堆的目的是互相取暖，主要原因是鸡舍内温度较低或不均衡，鸡感觉不舒服、不愿活动的一种表现，应尽快升高温度或增加湿度。

39. 带鸡消毒要注意哪些注意事项?

带鸡消毒注意以下事项。

选择适宜的消毒剂和应用剂量。带鸡消毒不同于地面或墙壁的喷洒消毒，选用的消毒剂必须对黏膜刺激性小且无腐蚀性，严禁用强碱、强酸和酚类消毒剂。

提高舍温，加强通风换气。喷雾消毒后舍温会降低，如果事先不充分提高舍温，消毒后雏鸡会怕冷而扎堆、互相挤压，往往会被压死。若将舍温比平常提高 3 ～ 4℃就可以取得很好的效果。由于喷雾鸡舍内的湿度加大了，应在保温的前提下及时通风排湿。

选择适宜的喷雾喷雾装置，一般雾滴为 80 ～ 100 μm。

在应用点眼、滴鼻或气雾法进行弱度疫苗免疫接种前后各 3 天，不能进行带鸡气雾消毒，以免降低疫苗的效力。

### 40. 风机水帘如何正确使用？

目前，鸡舍都安装了风机湿帘降温设施，要想使用方法得当，首先注意风冷降温效应，当风速增加时，鸡的感受温度不是温度表指示温度，要按感受温度控制鸡舍内温度。如鸡群是 20 日龄，温度表指示是 32℃，湿度是 50%，开风机后风速是 1.5 m/ 秒，鸡群的感受温度应该是 22.6℃，正好符合饲养要求。如果湿度是 70% 时，此时的体感温度是 27.2℃，温度高于实际需求，可增加风速或利用水帘降温。在正常使用风机水帘时，温度表指示温度不能低于 28℃，否则鸡群会受凉感冒。

### 41. 为什么做饮水消毒？饮水消毒的关键是什么？

家禽饮水应清洁无毒，无病原菌，符合人的饮水标准，生产中要使用干净的自来水或深井水。洁净水进入鸡舍后，由于暴露在空气中，舍内空气、粉尘、饲料中的细菌可对饮用水造成污染，所以，要进行饮水消毒。饮水消毒的关键是控制好添加量，过量消毒剂通过饮水进入胃肠后，可能会影响消化道内正常菌群的平衡，影响饲料的消化吸收，少量则达不到消毒效果。通用的消毒剂是氯制剂、季铵盐类等，放入水中消毒 30 分钟后，并在自动挥发掉后让鸡群饮用，就不会随水进入消化道引起病变。饮水消毒的目的是把饮水中的病原体杀死，防止疾病通过饮水传播。

### 42. 如何管理水线？

水线在饲养期间要定时、定期进行冲洗、清理、消毒。特别在喂药后及时冲洗，有利于水线畅通。为保证水线正常供水，减少早期水的浪费及后期供水充足，20 日龄前水线与水箱水平面差为 20 ～ 30 cm，20 日龄后水平面差应不小于 70 cm。空舍时要按下述程序进行清理消毒：

水线排空：将供水管道中剩余水排空。

水线清除：尽可能清除水箱、水管内的污物及藻类。

水线消毒：用双氧水、泡易泡、优垢净等专用消毒药进行浸泡、灭藻、清洗消毒，浸泡 1 ～ 3 小时，排空后用清水冲洗即可。

### 43. 发现饲料有结块是怎么回事？怎么办？

在饲养肉鸡期间，有时会发现饲料中出现结块现象，原因有如下两种：一是饲料在储存或运输中受潮变质发霉，这种结块一般为湿块；二是饲料在制粒时出现的团块，一般为硬块。不管哪种，一经发现必须挑出或整袋处理，结块饲料不能饲喂肉鸡。

### 44. 鸡舍内粉尘较多、空气污浊有什么危害？

粉尘就是在空气中悬浮的各种微粒如料面、绒毛等，悬浮微粒是病原菌的重要载体，其中贮存着大量病原微生物。当污浊的空气进入鸡的肺部后，就会引起炎症，进而造成鸡只大量死亡。因此，粉尘多时要加强喷雾消毒，控制好湿度，防止发病。

### 45. 鸡群中有小的弱小鸡怎么办？

在肉鸡饲养中，经常见到鸡群中有个体较小、发育较慢的鸡，一般是早期有病或育雏期温度控制不好，经过治疗后康复，但这种鸡增重缓慢，不仅没有经济效益还会带毒感染好鸡，因此，一经发现弱小鸡应当尽早挑出淘汰。

### 46. 鸡舍内光线太强有什么缺点？

肉鸡饲养不需要太强的光照，整栋鸡舍中光照分布均匀即可。太强的光照会造成鸡群过分运动、啄羽、啄肛等不良现象，增加耗料、不利于增重等。

### 47. 肉鸡会得哪些疾病？如何预防？

肉鸡常见的病毒性疾病有新城疫、传染性法氏囊病、传染性支气管炎病等，细菌性疾病有大肠杆菌病、坏死性肠炎、沙门氏菌病等，还有支原体造成的慢性呼吸道疾病、混合感染等。在预防方面讲究“预防为主、防重于治”的原则，尽量提供舒适的环境减少发病，对于细菌病可以根据药敏试验结果提前投喂敏感抗生素药进行预防，对于病毒引起的疾病无特效药，所以只能靠免疫疫苗和生物安全提供保护。

### 48. 肉鸡疫苗免疫有哪些？

肉鸡疫苗免疫有喷雾免疫，滴鼻、点眼免疫，颈部皮下注射免疫，气雾免疫，饮水免疫等。不管哪种免疫操作，一定要按照厂家要求和鸡群实际状况科学细致操作，才能保证好的免疫效果。

### 49. 怎样做饮水免疫？免疫后疫苗瓶如何处理？

做饮水免疫前需准备好疫苗、免疫宝或脱脂奶粉及免疫用的蒸馏水或深井水，密度大的要提前分群。免疫当天先停水，待 2 ～ 4 小时对疫苗水，方法是先将免疫宝或脱脂奶粉加入水中搅拌静止 30 分钟后把疫苗在水中打开并稀释，搅拌均匀，加入饮水器给鸡饮疫苗水。不断地将两边的鸡赶到饮水器旁，疫苗水最好在 1 小时内饮完。停水时间夏季选择早晨 6 点，冬季选择上午 8 点。空疫苗瓶要放到火中烧掉，不准随便丢弃。

### 50. 因做疫苗后鸡出现甩鼻反应怎么办？

有些鸡群在免疫后，因鸡群体质、免疫应激、天气变化等原因出现不同程度的呼吸道症状，鼻子中发出“咳嗽”声，不断甩头。此时，要注意温度的稳定及合理通风，空气质量要好，再投喂一些治疗支原体和大肠杆菌的药物，两三天后即可恢复。

### 51. 鸡拉料便、水便或拉灰白色粪便是怎么回事？

鸡出现消化不良是由于饲料在消化道中存留的时间过短、没有来得及很好地消化所致。原因可能有两种：一是肠道发生炎症（细菌性的、病毒性的），二是饲料适口性差。如果是第一种情况，则饲喂调理肠道药物即可解决，如果怀疑是第二种，换一下饲料做一下对比饲喂即可证明。当然添加一些酶制剂也会起到良好的调理作用。

鸡出现拉水便，一般有如下几种原因：一是肾脏肿胀（传支或痛风病），输尿管被尿酸盐阻塞，水的代谢出现故障，水从肠道排出，此时要喂通肾药；二是饲料中能量成分过高，鸡舍通风不畅，氧气不足造成代谢不良所致，此时调整鸡舍通风或降低饲料能量即可；三是盐分过高，可能来自饮水或饲料，及时调整；四是饲料变质，更换饲料；五是高温高湿鸡饮水量大，属正常现象；具体情况请兽医现场诊断。

鸡拉灰白色或绿色粪便，一般怀疑有传染性疾病，如新城疫、法氏囊病等，此时要进一步诊断，尽快请兽医现场诊断。

### 52. 出现瘫鸡是怎么回事?

出现瘫鸡的原因很多，一是传染性因素，二是代谢性因素。传染性因素主要是病毒性的疾病，以新城疫为主，其次是细菌性因素以大肠杆菌、梭菌为主，代谢性因素如维生素缺乏、矿物质吸收障碍等。具体情况需请兽医现场确定。

### 53. 出现喘气困难或呼噜声怎么办?

当鸡出现呼吸困难时，主要是气管或肺脏出现病变，影响鸡肺脏气体的正常交换、缺氧所致，有时出现呼噜呼噜的声音，应当加强饲养管理、改善通风换气、加强消毒，在兽医的指导下合理用药。

### 54. 为什么饲养后期不让喂药?

药物如果在鸡肉中残留，人食用后药物会对人的身体产生刺激并出现副作用，另外低剂量的药物会造成细菌的抗药性，久而久之，当人类发病时药物疗效降低，有的还可能无药可治。饲养后期不让喂药就是要控制药物残留，保护人类健康。目前，禁止使用的药物有磺胺、呋喃唑酮、氯霉素、克球酚、激素类等。其他药物在宰前都有明确的停药期，最少要宰前 14 天停止使用抗生素。

### 55. 找谁来抓鸡较好?

抓鸡过程很重要，辛辛苦苦饲养的肉鸡有时因抓鸡造成很多划痕、淤血等，正品变成残次品，降低了生产效益，因此，抓鸡十分重要。找专业的抓鸡队对控制皮炎、淤血很有帮助。抓鸡前要将隔栏固定好，抓鸡时尽量轻拿轻放，不要挤压，减少划痕、淤血、死亡等。

### 56. 运输途中注意什么？

毛鸡车需要养殖户跟车，运输途中注意温度、风速对鸡的影响，防止冻死、挤死、热死等。冬季装鸡时要及时遮挡，夏季要适当喷水处理，路途尽量减少急刹车或停车。

### 57. 到加工场后需做哪些工作？

毛鸡车到场后首先到毛鸡调度室送交检疫证、消毒证、饲养记录本和剩料单，毛鸡调度开具准宰通知单，并送交车间待宰。宰鸡开始后客户可以在车间指定部位监宰或在宰鸡台上监督宰鸡过程，待全部宰完后将死鸡过数、称重，然后签字确认。

### 58. 提高饲料报酬的对策有哪些？

对策主要有：精心饲养管理、防止冷热应激，提高成活率，增加活重，减少应激和发病，采用间歇光照制度。饲料中添加大蒜素或添加酶制剂或抗菌肽能促进鸡生长，合理免疫用药可以提高饲料报酬。

### 59. 怎样控制肉鸡呼吸道病？

搞好饲养管理，尽量减少鸡群应激反应；做好免疫工作；彻底清洗消毒鸡舍，做好防疫消毒工作，谢绝参观；坚持全进全出管理模式；合理用药。

### 60. 肉鸡猝死症的原因？

原因主要有：饲料营养因素，因颗粒饲料成分齐全，营养平衡，鸡只生长速度太快；环境噪音太大、受到应激、光照太强；鸡舍条件恶劣通风不良；因药物性作用，使猝死增多；遗传因素包括品系、日龄、性别、生长速度等；体内生物化学因素。

### 61. 肉鸡腹水症原因、症状、措施？

原因：肉鸡腹水症是一种条件性疾病，如鸡舍温度偏低、通风不良、氨气味大、缺氧或由于感染疾病造成血液循环受阻，肾、肝、肺的功能受损，或由于高能—高蛋白饲料使肉鸡生长速度太快，心肺功能负担过重等引起。

症状：腹部膨胀，行动迟钝，呼吸困难，腹腔中有大量积液，呈清亮棕红色，腹腔内有时有纤维蛋白凝块，心包积液或混有胶脓样物，心肌肥大扩张无力，有的肝脏硬化萎缩，有的肝脏肥大。

措施：有明显的症状已无法治疗；改善饲养条件，解决好保温与通风的关系，保持舍内空气新鲜；预防慢性呼吸道病和大肠杆菌病的发生；适当限饲，饲料中添加维生素 C、维生素 E 等。

### 62. 怎样应对肉鸡“刨料”现象?

注意饲料的质地和颗粒大小对于鸡只最初的选食有很大的影响，如果饲料过硬需要在加料前在饲料上喷洒清水或营养水；热应激情况下，在日粮中加些糖蜜或水，也会短暂刺激鸡的采食量。另外，要加强通风管理，改善鸡舍光照或环境，预防控制疫病发生。

### 63. 鸡有哪些生物学特性？

体温高；繁殖潜力大；饲料营养要求高；对环境变化敏感；抗病能力差；能适应工厂化饲养。

### 64. 育雏期日常饲养管理主要包括哪些方面?

雏鸡的初饮和饮水；雏鸡的开食和喂料；雏鸡的营养需要和日粮配合；雏鸡的卫生管理；日常管理及观察处置。

### 65. 发生疫病时应采取哪些措施?

疫情报告：发现可疑动物疫情时，必须立即向有关机构报告。

隔离：对于已发病或可疑的动物应该隔离，以防继续造成传染。

封锁：发生大的流行病后，应对疫区进行严格的封锁处理，禁止疫区内畜禽产品的加工、运输及使用。

扑杀：如果发生的疫病危害极大、流行面广，甚至可以感染人，这时就应对疫区内所有家禽进行扑杀。

# 第三篇

# 鸡病防控技术

# 第一章 鸡主要传染病

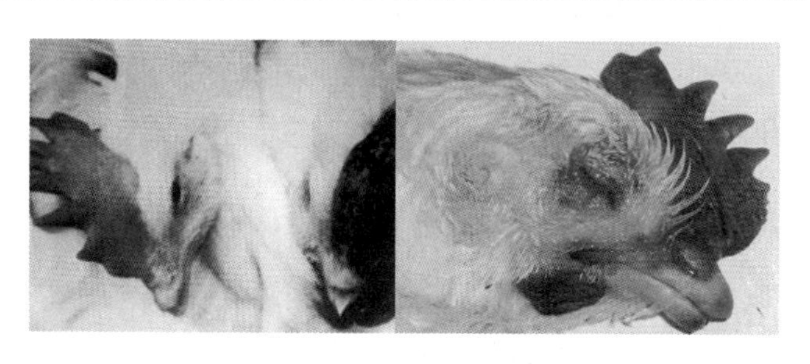

## 第一节 禽流感（鸡、鸭共患病）

禽流感是由 A 型流感病毒感染禽类的一种高度接触性传染病。该病对家禽的危害与毒株的毒力及被感染禽类的易感性有关，表现为不同程度的呼吸道症状、产蛋量下降，可导致易感禽类 100% 死亡。一些高致病禽流感病毒还可以直接感染人类。因此，该病与人类的公共卫生密切相关。

### 一、病原

禽流感病毒是属于正黏病毒科正黏病毒属的 A 型流感病毒。不同禽流感病毒的血凝素（HA）和神经氨酸酶（NA）有不同的抗原性，目前已发现有 16 种特异的 HA 和 9 种特异的 NA，分别命名为 H1 ～ H16，N1 ～ N9，由不同的 HA 和不同的 NA 之间可形成 200 多种亚型的禽流感病毒。

不同毒株的禽流感病毒在致病性方面有明显的差异。一些毒株可以长期存在于某些野生的水禽体内，被感染的宿主可没有任何临床的表现，抗体滴度也很低或检测不到，感染低致病性毒株的禽类呈一定的呼吸道症状和产蛋下降。感染高致病性毒株的禽类可导致100%的死亡。到目前为止，所有高致病性的禽流感病毒都是属于H5或H7亚型的部分毒株。

禽流感病毒对氯仿、乙醚、丙酮等有机溶剂比较敏感；对热敏感，56℃加热30分钟，60℃加热10分钟，70℃以上数分钟均被灭活；苯酚、消毒灵（复合酚）、氢氧化钠、碘制剂、漂白粉、高锰酸钾、二氯异氰尿酸钠、新洁尔灭、过氧乙酸等消毒剂均能迅速使病毒灭活。但禽流感病毒对冷湿有抵抗力。

## 二、流行病学

家禽中以鸡和火鸡最为易感，其次是雉鸡和孔雀、鸵鸟、鹅、鸭。近年来发现水禽（鸭、鹅）也很易感，可成为带毒者，流行迅速，全群鸡突然发病，死亡率高。

禽流感病毒的宿主范围十分广泛，包括家禽、野禽、野鸟、水禽、迁徙鸟类、哺乳动物（猫、水貂、猪）等均可感染，本病的传播途径主要是通过接触传播。传染源是带毒的家禽、野生禽类（尤其是野生水禽），被感染禽群的粪便及被分泌物污染的饲料、饮水、空气中的尘埃以及笼具等均为重要的传染源。禽流感一年四季均可流行，但以冬季和气温骤冷骤热的季节更易暴发。

## 三、临床症状

禽流感的临床症状可从无症状的隐性感染到100%的死亡率。

高致病型（以H5N1型为例），最急性型，鸡群发病后多无明显症状，突然死亡。急性型，病鸡精神沉郁，采食迅速下降和废绝，拉黄绿色或灰色稀粪；逐渐出现呼吸困难；鸡冠和肉垂水肿，边缘出现紫黑色坏死斑点；腿部鳞片出血严重；产蛋迅速下降，产蛋率往往由90%以上迅速降到20%以下，甚至绝产；软壳蛋、薄壳蛋、畸形蛋迅速增多。

低致病型（以H9N2型为例），发病鸡群采食量明显下降，但饮水量剧增，精神不振，下痢，有轻度的呼吸啰音，少数鸡眼角分泌物增多、脸面肿胀；常见的症状是产蛋率下降，蛋壳褪色、变薄，一般不会造成大量的死亡。但如饲养管理条件较差并有细菌或支原体等其他病原混合感染时，则会造成死亡率增加。

肉鸡、未开产的种鸡和蛋鸡感染低致病性禽流感病毒后，除没有产蛋下降的变化外，其余症状与产蛋鸡相似。

鹅和鸭感染高致病性禽流感病毒后，主要表现为肿头，眼分泌物增多，分泌物呈血水样，下痢，产蛋量下降，孵化率下降，神经症状，头颈扭曲，啄食不准，后期眼角膜混浊。幼龄鹅、鸭死亡率比较高，成年鹅、鸭的死亡率低一些。

禽流感临床症状见图 1–1 至图 1–4（图片来源：张中直）。

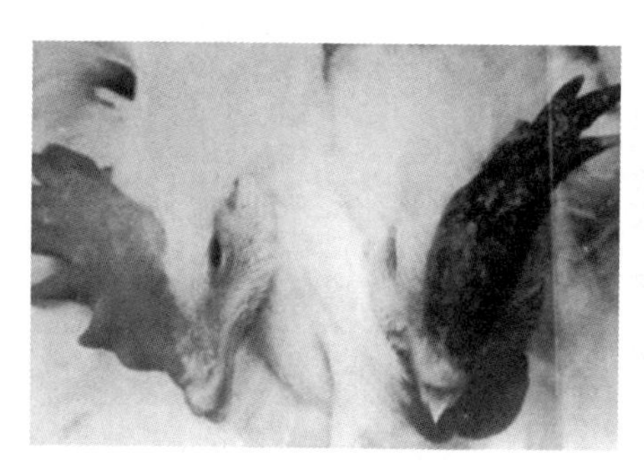

图 1–1　鸡冠和头部发绀

图 1–2　腿部趾骨处角质鳞片出血

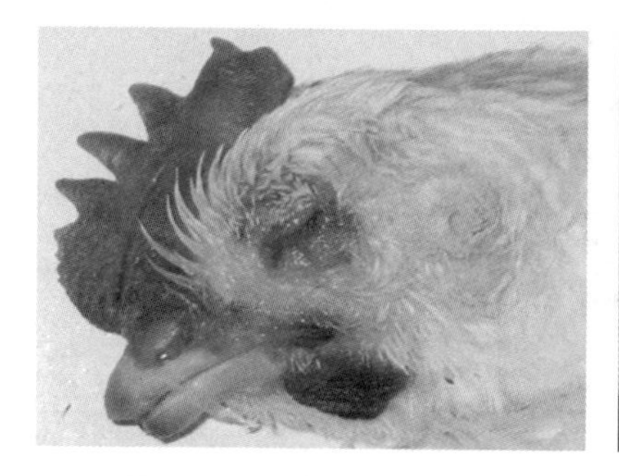

图 1–3　头部、肉髯肿胀

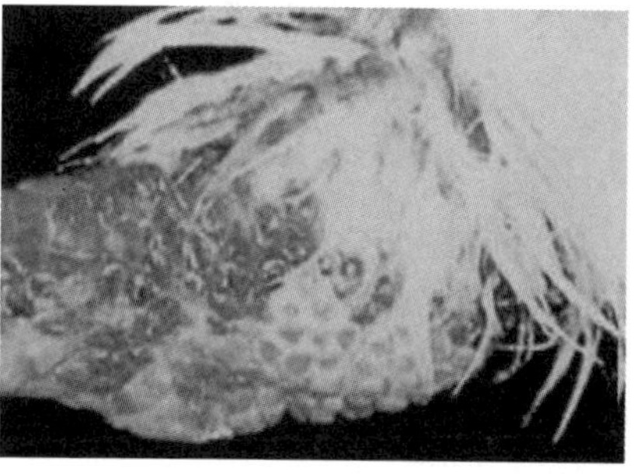

图 1–4　鳞片出血

## 四、剖检变化

低致病性禽流感常见的肉眼病理变化为喉头、气管充血、出血，气囊膜混浊，典型的纤维素性腹膜炎，输卵管黏膜充血、水肿，卵泡充血、出血、变形，肠黏膜充血或轻度出血，胰腺有黄白色坏死点。

高致病性禽流感的肉眼病变包括心肌坏死，胰腺有黄白色坏死斑点，腺胃乳头、腺胃与肌胃交界处、腺胃与食道交界处、肌胃角质膜下、十二指肠黏膜出血，喉头、气管黏膜充血、出血。其余器官组织则多呈出血性病变。

禽流感剖检变化见图 1–5 至图 1–8（图片来源：张中直）。

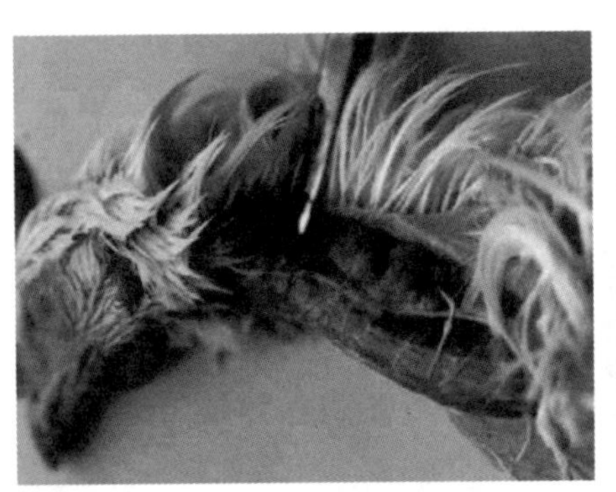

图 1–5　气管出血

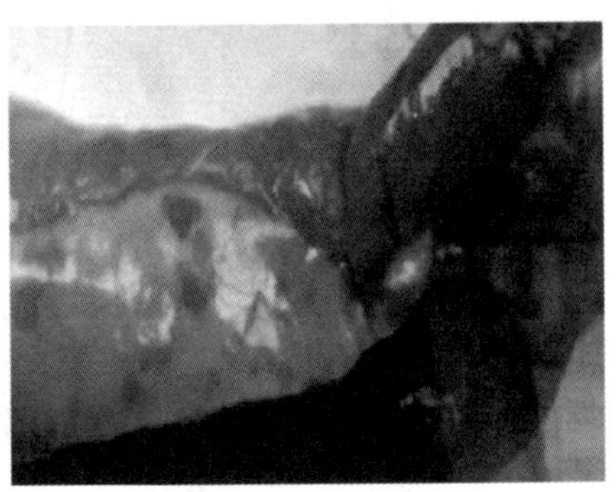

图 1–6　内脏出血

图 1–7　肠道出血

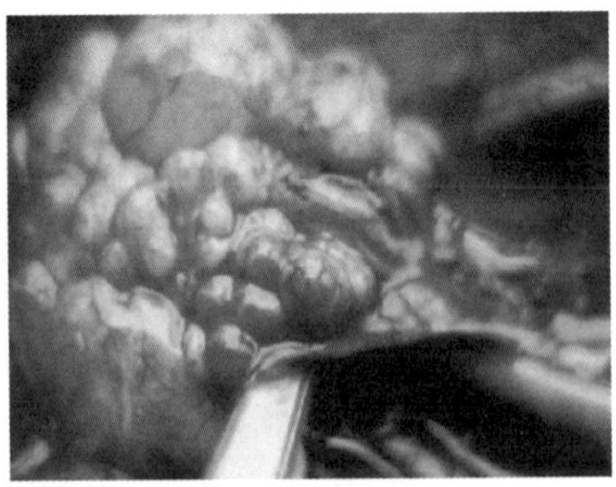

图 1–8　卵巢出血

## 五、诊断

### （一）诊断程序

高致病性禽流感为世界动物卫生组织规定必须上报的 A 类动物疫病，在我国被列为一类动物疫病。一旦发现可疑病例，应立即按国家规定向当地兽医部门报告，同时对病鸡群（场）进行封锁和隔离，并在有关部门指导下工作。初步诊断为高致病性禽流感疑似病例时，采集或收集病禽送到省（市、区）级实验室检验。定性必须送到国家高致病性禽流感参考实验室（哈尔滨兽医研究所）做病毒分离与鉴定。

### （二）诊断技术

对高致病性禽流感，病鸡已排除鸡新城疫和禽霍乱而又出现典型的腺胃乳头、肌胃角质膜下出血的病变，以及心肌、胰腺坏死等，鹅和鸭的头肿、眼有血样渗出物和典型的神经症状等结合急性发病死亡等临床症状可作出初步诊断。

血清学检测方法：血凝试验（HA）和血凝抑制试验（HI）。血凝试验和血凝抑制试验可用于血清学调查。

确诊必须做病毒的分离与鉴定。

## 六、防治

### （一）建立完善的生物安全制度

根据《中华人民共和国动物防疫法》有关规定，建立完善的生物安全制度。鸡场要定期消毒，对粪便进行发酵处理，对禽尸体无害化处理（焚烧或深埋）。坚持全进全出制度。严格检疫制度，完善疫情监测系统。

### （二）免疫程序

规模养殖场可按推荐免疫程序进行免疫；对散养家禽，每隔 4 个月集中免疫，散养户新补栏的家禽要及时补免，有条件的禽场要全面实行程序化免疫。

（1）种鸡、蛋鸡免疫

7～14日龄时进行首免，28～30日龄时进行二次免疫，18～20周龄时进行三免。以后，规模养殖场根据抗体监测水平确定免疫时间，或间隔4个月免疫1次；对散养家禽实施每隔4个月集中免疫。

（2）商品代肉鸡免疫

根据具体情况，7～10日龄进行一次免疫即可。

（3）种鸭、蛋鸭、种鹅、蛋鹅免疫

7～10日龄时进行首免，28～35日龄时进行二免。以后，规模养殖场根据免疫抗体检测结果确定免疫时间，或每隔4个月免疫一次；对散养家禽实施每隔4个月集中免疫一次。

（4）商品肉鸭、肉鹅免疫

肉鸭7～10日龄时进行一次免疫即可。

肉鹅7～10日龄时进行首免，28～35日龄时进行二免。

## （三）免疫监测

常规监测与紧急监测相结合，按照程序化免疫要求，开展免疫抗体监测。

（1）检测方法

血凝抑制试验（HI）方法。

（2）监测数量

每次采集种禽场血清样品≥20份/场，监测比例要达到100%；养殖小区血清样品≥20份/场，监测比例要达到100%；商品禽场血清样品≥20份/场，监测比例要达到50%以上；村散养户血清样品≥10份/村，监测覆盖面要达到25%以上。

（3）效果判定

家禽免疫后21天进行免疫效果监测。禽流感抗体血凝抑制试验（HI）

抗体效价≥ $2^5$ 判定为合格。

存栏禽群免疫抗体合格率≥ 70% 判定为合格。

# 第二节 鸡新城疫

鸡最易感，雏鸡和中雏比成年鸡易感性更高。火鸡也可感染，但易感性比鸡低。鸭、鹅、鸽虽然可感染，但很少发病。没有接种过新城疫疫苗或免疫期已过的各种品种、年龄、性别的鸡都可感染。

新城疫一年四季都可能发生。在非免疫区或免疫低下的鸡群，一旦有速发型毒株侵入，可迅速传播，呈毁灭性流行，发病率和死亡率可达 90% 以上。

鸡新城疫又称亚洲鸡瘟或伪鸡瘟。由副粘病毒引起的一种急性高度接触性传染病。常呈急性败血症状。家禽中以鸡最敏感。主要传染源是带毒的病鸡、死鸡。该病毒可通过呼吸道和消化道以及眼结膜、泄殖腔和损伤的皮肤进入体内。本病可发生于任何季节和任何品种的鸡。鸡新城疫症状，主要特征是呼吸困难、腹泻、神经紊乱、黏膜和浆膜出血。发病率和死亡率都很高，对养鸡业危害严重。

## 一、病原

鸡新城疫病毒（NDV）属于副粘病毒科，副粘病毒属，核酸为单链 RNA。

鸡新城疫病毒在 60℃ 30 分钟，70℃ 2 分钟，100℃几秒钟内灭活。在 37℃下可存活 7 ～ 9 天，30 ～ 32℃可存活 21 ～ 30 天。在低温条件下可存活较长时间。在 0 ～ 4℃可存活半年至一年；在冷冻的尸体中可存活 9 个月；-20℃可存活 1 ～ 3 年。

新城疫病毒对一般消毒药敏感，常用的 2%苛性钠、1%来苏尔、3%

石碳酸、氯制剂。

## 二、流行特点

新城疫的主要传染来源是新城疫病鸡，病鸡的血液、各种脏器、分泌物和排泄物中都含有病毒。病鸡症状消失后多数在 5 ～ 7 天就可停止排毒，少数鸡在症状消失后半个月，甚至 2 ～ 3 个月还可排毒。病毒可经消化道（污染的饲料、饮水、地面、用具）和呼吸道感染（带病毒的尘埃、飞沫）。此外，病鸡产的蛋也带病毒，可垂直传播给鸡胚或雏鸡。吸血昆虫叮咬、皮肤外伤、交配等也可造成感染。买卖、运输、乱屠宰病死鸡和未经消毒处理的禽产品也是造成本病发生流行的重要因素。

## 三、临床症状

潜伏期长短不一，自然感染的潜伏期一般为 3 ～ 5 天。

最急性：突然发病死亡，往往看不到明显的症状。

急性：体温升高，可达43～44℃；精神沉郁，离群呆立，缩颈闭眼；食欲减少或废绝；鸡冠，肉髯呈紫红色；呼吸困难，甩头，发出“咕咕”声或“咯咯”声，有时可喷嚏；嗉囊内充满气体或液体，倒提鸡时从口内流出大量淡黄色液体；拉稀，有时带血；蛋鸡产蛋减少或停止，1 ～ 2 天或 3 ～ 5 天后死亡，发病率和死亡率可达 90% 以上。

亚急性或慢性：多由急性的转来。初期症状与急性的大致相同。病程稍长时则出现神经症状（转圈、后退、头向后仰或向一侧扭曲、跛行），病后 10 ～ 20 天甚至 1 ～ 2 个月才死亡。

非典型性新城疫：多发生于 30 ～ 40 日龄免疫鸡群，以散发为主，发病率、死亡率均比典型性鸡新城疫低。临床表现不典型，主要表现为呼吸道症状和成年鸡产蛋率下降，同时蛋的品质下降。

新城疫临床症状见图 1-9、图 1-10（图片来源：张中直）。

图 1-9　精神沉郁

图 1-10　神经症状

## 四、剖检变化

胸腺肿大，灰红色，小点出血；口腔、气管内有大量黏液；腺胃黏膜或乳头出血，腺胃与肌胃间、食道与腺胃间有出血斑或出血带，有时有溃疡；小肠黏膜出血或坏死，形成局灶性溃疡；盲肠扁桃体肿大、出血或坏死；直肠黏膜出血；心冠状沟脂肪出血；腹腔脂肪出血。

非典型性的鸡新城疫病变不明显，主要病变有黏膜卡他性炎症，喉头和气管黏膜充血、黏液增多；泄殖腔充血、出血和糜烂；淋巴结轻度肿胀、出血。

剖检变化见图 1-11、图 1-12（图片来源：张中直）。

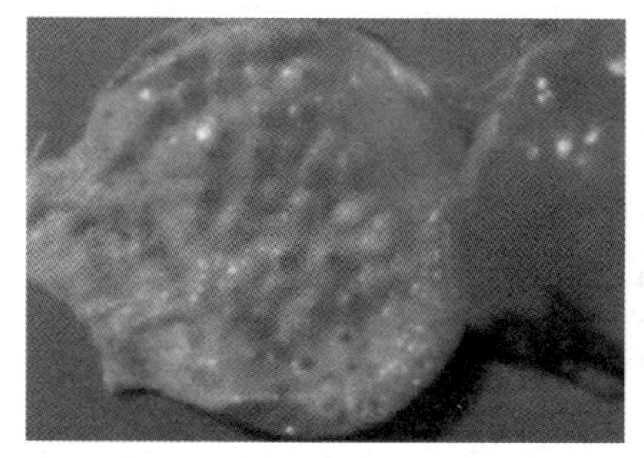

图 1-11　腺胃乳头出血

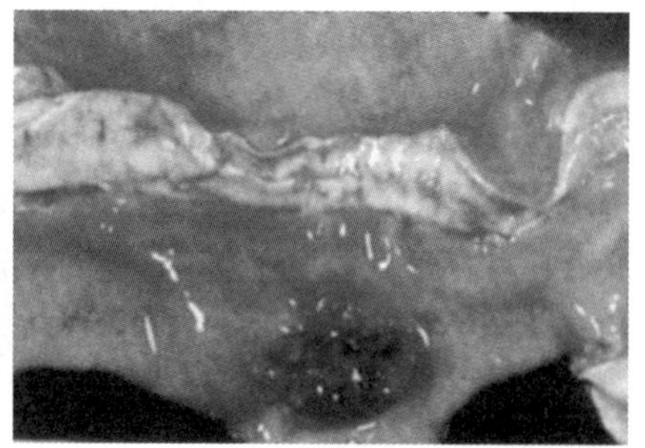

图 1-12　肠道淋巴组织的肿胀、出血、溃疡、坏死

## 五、诊断

根据临床症状和病理变化可初步诊断，确诊需实验室检测。

## 六、防治

在科学免疫的基础上，做好有效的综合防疫措施。

### （一）免疫

（1）疫苗

目前常用的新城疫疫苗包括：弱毒疫苗（Ⅳ系、V4株和克隆株）和灭活疫苗。

（2）免疫程序

免疫时要充分考虑母源抗体水平、疫苗种类及毒力、最佳剂量和接种途径、品种和日龄。在接种活疫苗前后，不要给鸡群饲喂抗生素类药物，尽量减少应激反应，添加维生素C、电解多维等药物以缓解应激，增强机体免疫力。

规模养鸡场免疫：

种鸡、商品蛋鸡：1日龄时，用新城疫弱毒活疫苗初免；7～14日用新城疫弱毒活疫苗和（或）灭活疫苗进行免疫；12周龄用新城疫弱毒活疫苗和（或）新城疫灭活苗强化免疫；17～18周龄或产蛋前再用新城疫灭活疫苗免疫一次。开产后，根据免疫抗体检测情况进行疫苗免疫。

肉鸡：7～10日龄时，用新城疫弱毒活疫苗和（或）灭活疫苗初免；2周后，用新城疫弱毒活疫苗加强免疫一次。

各规模养鸡场结合本场实际情况，定期进行新城疫免疫抗体水平检测，根据检测结果适时调整免疫程序。

散养户免疫：

开产前参照规模养殖场免疫程序，开产后有条件的可参照规模养殖场免疫程序，无条件地实行每4个月集中免疫一次。

（3）免疫应注意的问题

滴鼻点眼免疫：疫苗稀释要用蒸馏水或生理盐水，用量与配量相匹配，稀释后必须 4 小时内用完。滴鼻点眼时将疫苗准确地滴在眼内或鼻内 1 ～ 2 滴，待疫苗确实进入鼻、眼内才把鸡放回地面，以免疫苗被鸡甩出，造成免疫不确实。

饮水免疫：要保证足够的饮水器，并把饮水器清洗干净，无抗菌、消毒药物残留；饮水免疫前停水 3 ～ 4 小时；疫苗稀释用水中不含金属离子和氯离子，加入 0.2% ～ 0.3% 脱脂奶粉，以保护疫苗免疫原性。然后按要求加入疫苗，混匀后给鸡饮服。特别注意疫苗的用水量，一般为鸡日饮水量的 30%，疫苗用量高于平均用量的 2 ～ 3 倍，保证所有的鸡同时喝到疫苗水，并在 0.5 ～ 1 小时内饮完。

气雾免疫：主要在大群免疫时应用，但不适宜于 30 日龄内的雏鸡和存在慢性呼吸道病的鸡群，以免诱发呼吸道系统疾病。气雾免疫时，将疫苗按规定稀释好，在鸡头上方约 1.5 m 处喷雾，喷完后要最大限度地降低通风换气量，以保证气雾免疫效果，同时也要防止通风不良而造成窒息死亡，一般喷雾后密闭鸡舍 10 ～ 20 分钟即可。

注射免疫：注射器具彻底消毒，活疫苗用灭菌生理盐水或凉开水稀释，现配现用；灭活疫苗要摇匀后才能使用；注射剂量要准确；注射时操作要规范，颈部皮下注射应提起皮肤掌握好角度，针头刺入皮肤与肌肉之间，避免刺伤颈骨或穿针；肌肉注射应根据鸡龄大小确定实施部位，一般胸部肌肉处注射，避免刺伤血管或内脏器官，腿部注射应在腿外侧无血管处，进针时顺腿骨方向刺入，避免刺伤血管神经。

### （二）加强饲养管理，做好消毒，定期进行抗体监测

加强饲养管理，减少应激；执行“全进全出”和封闭式饲养制度，提倡育雏、育成、成年鸡分场饲养方式。严格消毒制度。定期免疫监测，适时免疫接种。

# 第三节 禽霍乱（鸡、鸭共患病）

禽霍乱是由多杀性巴氏杆菌引起的一种急性出血性败血性传染病，又称禽出败，所有家禽都能感染此病。急性病例主要表现为突然发病、下痢、败血症症状及高死亡率。慢性病例的特点是鸡冠、肉髯水肿、关节炎，病程较长，死亡率低。

## 一、病原

禽霍乱的病原体为禽多杀性巴氏杆菌，是小的短杆菌，接近于卵圆形，少数近于球形。病原体是一种条件性病原菌，在健康鸡的呼吸道存有该菌。

本菌对物理和化学因素的抵抗力比较低。在自然干燥的情况下，很快死亡。在浅层的土壤中可存活 7 ～ 8 天，粪便中可活 14 天，在死鸡尸体中可存活三个月。常用浓度的普通消毒药对本菌都有良好的消毒效果，如：火碱、漂白粉、过氧乙酸等。日光对本菌有强烈的杀菌作用。

## 二、流行特点

禽霍乱鸡、鸭、鹅最易感，还能感染其他家禽和野禽。

本病没有明显季节性，一年四季都可发生和流行。

病鸡的尸体、粪便和分泌物是本病的主要传染源。

主要传播途径是呼吸道、消化道和皮肤外伤。被污染的运动场、土壤、饲料、饮水、用具等也可传播本病，尤其是在鸡群密度大，舍内通风不好时以及尘土飞扬的情况，通过呼吸道传染的可能更大。昆虫也可成为传染的媒介。

## 三、临床症状

自然感染的潜伏期一般为 2 ～ 9 天，根据发病程度不同，临床上分为最急性、急性和慢性 3 个类型。最急性一般没有临床表现，突然倒地，迅速死亡。急性型表现病鸡精神委靡，羽毛松乱，缩颈闭眼，头藏于翅膀下，离群呆立，不爱吃食，口渴，呼吸急促，排出黄色、灰白色或淡绿色稀粪；鸡冠和肉髯水肿变成青紫色。慢性病鸡可见关节肿胀、化脓。

## 四、剖检变化

最急性病例：常常看不到明显的变化，心外膜有小出血点，肝脏表面有散在的、针尖大小的灰黄色或灰白色的坏死点。

急性病例：主要病理变化是全身性全身脏器出血、充血，尤以十二指肠明显。腹膜、皮下脂肪、心脏、肌胃、十二指肠等出血。肝脏肿大，质地变脆，表面有很多针尖大小的灰白色或灰黄色的坏死点。

慢性型病例：除有急性病例的病理变化外，还可看到卵巢出血、卵黄破裂、腹腔内脏器表面附着干酪样物质。

剖检变化见图 1–13、图 1–14（图片来源：张中直）。

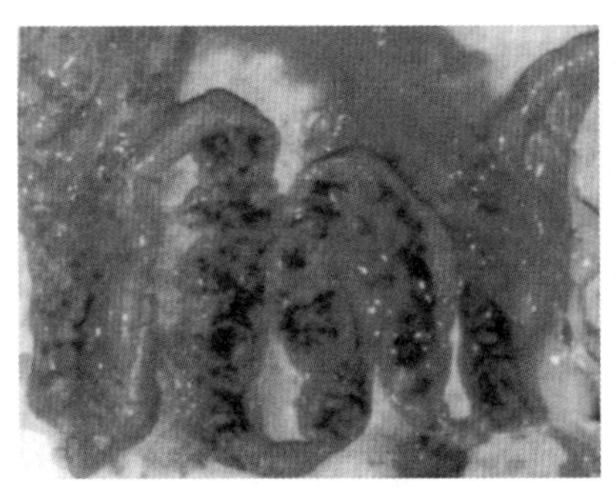

图 1–13　肠黏膜出血

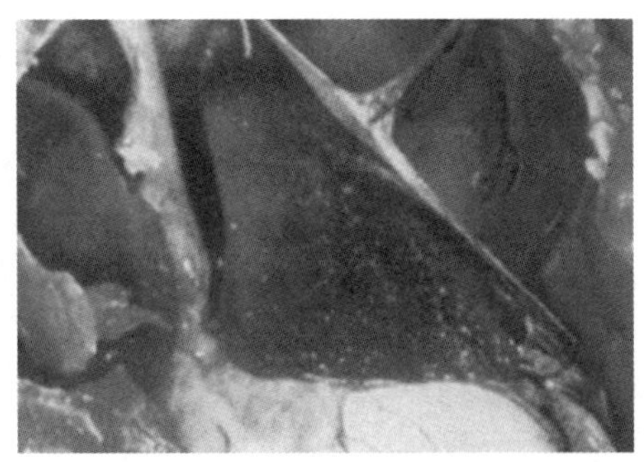

图 1–14　肝脏表面坏死点

## 五、诊断

根据流行病学、临床症状和病理变化可以初步诊断，确诊可采取新鲜死鸡的心血或肝脏、脾脏组织作涂片，美兰染色后在显微镜下检查，如发现明显的两极浓染的小杆菌即可确诊。

## 六、防治

加强鸡群的饲养管理，严格执行动物防疫卫生制度，采取“全进全出”制度。

鸡群一旦发病应立即采取治疗措施，治疗禽霍乱的有效抗菌药物很多，有条件的地方应通过药敏试验选择有效药物全群给药。参考药物有氨苄青霉素和头孢类药。在治疗过程中，剂量要足，疗程合理，当鸡只死亡明显减少后，再继续投药 2 ～ 3 天以巩固疗效防止复发。给药方法可采用注射给药、饮水给药、混饲给药等。

注射给药：成年鸡发病时应先隔离治疗，选用青霉素和硫酸链霉素合用。使用剂量及方法参考药品说明书。

饮水给药：大群鸡治疗时可用饮水给药，可选恩诺沙星、丁胺卡那霉素、硫酸卡那霉素、青霉素和硫酸链霉素等，使用剂量参考药品说明书。

混饲给药：可用禽菌灵和长效土霉素等，使用剂量和疗程参考药品说明书。

# 第四节 鸡白痢

鸡白痢是由鸡白痢沙门氏杆菌引起的一种严重危害雏鸡健康的传染病。在雏鸡阶段通常呈急性全身性感染，表现为不食、嗜睡、下痢和心肌、肝、肺等器官的坏死性结节。发病率和死亡率较高，是严重影响雏鸡成活率的重要原因之一。成年鸡则以局部和慢性感染最为常见，不表现明显的症状，其排泄物是重要的传染源，经卵传染是此病最常见的传播方式，被感染的种蛋在孵化和出雏期间可出现死胚、死雏和弱雏。

## 一、病原

鸡白痢病的病原体为鸡白痢沙门氏杆菌，是革兰氏阴性的小杆菌。病雏鸡的内脏器官，特别是在肝、脾、肺、卵黄囊、肠和胆汁以及心血都含有病菌。成年带菌鸡的卵巢、输卵管、睾丸、输精管等生殖器官中常可分离出病菌。

鸡白痢菌对热及直射阳光的抵抗力不强，60℃加热数分钟内死亡。但在干燥的排泄物中可活 4 年，土壤中活 4 个月以上，粪便中存活 3 个月以上，水中活 200 天，尸体中活 3 个月。附着在孵化器中小鸡绒毛上的病菌在室温条件下可活一年。在 –10℃时可存活 4 个月。一般兽医上常用的消毒药物都可迅速杀死病原菌。

## 二、流行特点

此病除发生于鸡和火鸡外，鸭、野鸡、鹌鹑、麻雀和鸽等也会感染发病。

鸡白痢是一种常见的传染病。多发生于育雏前期，死亡率较高，一般死亡率可达 30% ～ 50%，在育雏后期发病逐渐减轻。产蛋鸡感染后不表现明显的临床症状，通常可看到不同程度的产蛋减少和种蛋的受精率与孵化率下降，但在产蛋高峰期，会造成一定死亡。

病鸡和带菌鸡是主要的传染来源。患鸡白痢的病鸡排出的粪便中含有大量病原菌，可污染饲料、饮水、饲养用具，通过消化道而使健康鸡感染。此外，最重要的传播方式是经过卵垂直传播。

## 三、临床症状

病雏鸡表现不食或少食，怕冷，身体蜷缩，翅膀下垂，精神委顿或昏睡，排白色黏稠或淡黄、淡绿色稀便，肛门有硬结的粪便，甚至堵塞肛门；有的表现呼吸困难，伸颈张口呼吸。最急性者常无明显症状就会死亡。成年鸡不表现明显症状，成为隐性带菌者，部分可发生卵巢坠积性腹膜炎，出现“垂腹”现象，产蛋停止。种鸡感染此病，由其带菌蛋孵化可发生死胚和弱胚，或出壳不久即死亡的弱雏，少数感染严重的病鸡表现精神委靡，排黄绿色或蛋清样稀便。

## 四、剖检变化

雏鸡最主要病变可见肝脏、脾脏肿大、质地脆弱；肾脏暗红充血或苍白贫血。卵黄吸收不良，呈黄绿色液化，或未吸收的卵黄干枯呈棕黄色奶酪样。有灰褐色肝样变肺炎，肺内有黄白色大小不等到的坏死灶（白痢结节）。盲肠膨大，肠内有奶酪样凝结物。病程较长时，肝脏显著肿大，质脆易碎，被膜下散在或密布出血点或灰白色坏死灶。在心肌、肌胃、肠管等部位可见隆起的白色白痢结节，输卵管充满尿酸盐。产蛋鸡可见卵巢萎缩，卵子变性，常出现腹膜炎和心包炎变化。成年公鸡的病变主要为睾丸和输精管的炎症。

## 五、诊断

雏鸡发生白痢病时，一般根据症状及病理剖检即可作出初步诊断。如部分雏鸡有下痢症状“糊屁股”；或呼吸困难，同时死亡率很高；剖检多见心、肝、肺有坏死结节等。进一步确诊需做细菌学诊断或血清学反应。

## 六、防治

此病的传染来源主要是带菌鸡。因此，消除鸡群中的带菌鸡是防制鸡白痢的最重要的原则。建立和培育无白痢病的种鸡群，是控制本病的有效方法。

### （一）检疫净化鸡群

有计划地在鸡群中进行鸡白痢的检疫工作，通过血清学试验，检出并淘汰带菌种鸡，首次检查于60～70日龄进行，后每隔1个月检查1次，发现阳性鸡及时淘汰，直至全群的阳性率不超过0.1%为止。

### （二）严格消毒

一是对种蛋严格消毒。分别于拣蛋、入孵化器后、18～19天胚龄落盘时3次用福尔马林熏蒸消毒。出雏达50%左右时，在出雏器内用福尔马林再次熏蒸消毒，杀灭附着在蛋壳上的鸡白痢病原菌。

二是孵化室建立严格的消毒制度。

三是鸡舍做好地面、用具、饲槽、笼具、饮水器等的清洁消毒，定期对鸡群进行带鸡消毒。

### （三）加强雏鸡的饲养管理

雏鸡的饲养管理条件对与鸡白痢的发生和流行有着很密切的关系。例如，雏鸡群体密度过大、拥挤、潮湿、太脏、育雏室的温度过高或过低、通风不良、运输以及雏鸡缺乏适宜的饲料等都是诱发白痢病流行的重要因素。

### （四）药物预防

目前在没有充分控制鸡白痢的传播或不能确保种鸡群的健康情况下，利用药物防治，有助于控制发病。育雏时可在饲料中交替添加氟哌酸、禽菌灵、长效土霉素等有效药物进行预防，有利于控制白痢的发生。

### （五）治疗

抗生素、微生态制剂等药物对本病都有疗效，应在药敏试验的基础上选择药物，并注意交替用药。发病时可在饲料中加土霉素、金霉素或四环素等，用药剂量及疗程参考兽药使用说明书。

## 第五节 鸡　痘

鸡痘是由痘病毒引起的一种急性、热性、高度接触性传染病。其特征是家禽无毛或少毛；皮肤（尤以头部皮肤）发生痘疹，继而结痂、脱落；或在口腔、咽喉部黏膜形成纤维素性坏死性假膜，故又称鸡白喉。

在大型鸡场易造成流行，可使鸡增重缓慢，消瘦；产蛋鸡受感染时，产蛋量暂时下降；若并发其他传染病、寄生虫病，以及卫生条件或营养不良时，可引起大批死亡，尤其对雏鸡可造成更严重的损失。

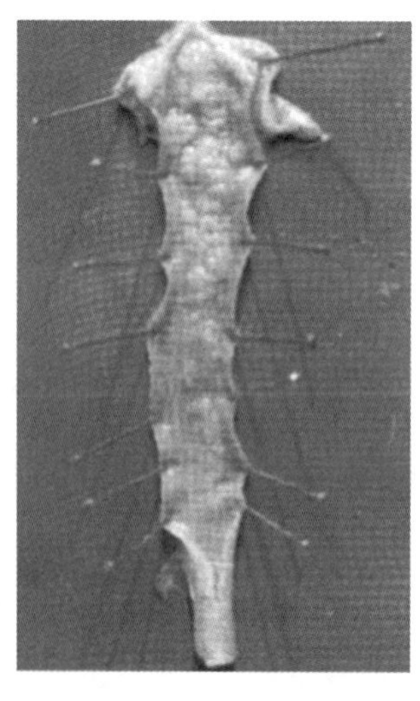

图 1–15　黏膜病变

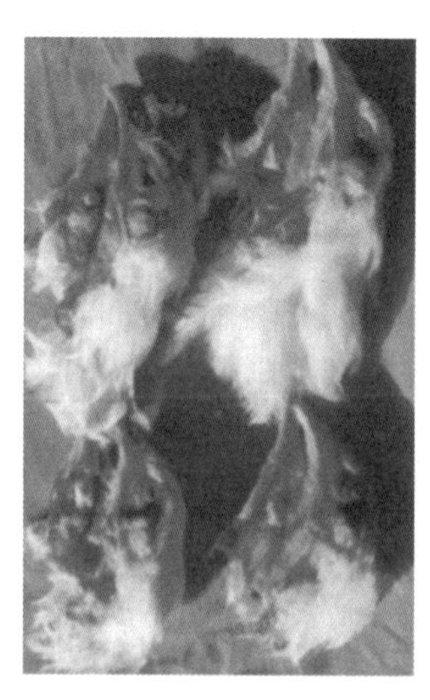

图 1–16　喉头病变

## 一、病原

病原是鸡痘病毒，病毒大量存在于病禽的皮肤和黏膜中，对外界自然因素抵抗力相当强。上皮细胞屑片和痘结节中的病毒可抗干燥数年之久，阳光照射数周仍可保持活力。在 60℃加热 1.5 小时才能杀死，–15℃下保存多年仍有致病性。1%火碱、1%醋酸，或 0.1%升汞可于 5 ～ 10 分钟内杀死。

## 二、流行特点

本病主要发生于鸡和火鸡，鸽有时也可发生，鸭、鹅易感性则低。各种日龄、性别和品种的鸡都能感染，但以雏鸡和中雏最易感，雏鸡死亡率较高。病鸡或带毒鸡是主要传染源，病鸡的分泌物、排泄物特别是皮屑等可经健康鸡的皮肤和黏膜的伤口感染。一年四季均可发生，但由于蚊虫叮咬和疫苗注射也常造成感染。一般在秋季和冬初发生皮肤型鸡痘较多，在冬季则以黏膜型（白喉型）鸡痘为多，在肉用仔鸡群中夏季也常流行鸡痘。打架、啄毛、交配等造成外伤，鸡群过分拥挤、通风不良、鸡舍阴暗、潮湿、体外寄生虫、营养不良、缺乏维生素及饲养管理太差等均可促使本病发生和加剧病情，如有传染性鼻炎、慢性呼吸道病等并发感染，可造成死亡增加。

## 三、临床症状及剖检变化

本病潜伏期 4 ～ 10 天，临床上，根据病鸡的症状和病变不同，分为皮肤型、黏膜型和混合型 3 种类型，且以皮肤型最为常见。

### （一）皮肤型

主要发生在鸡体的无毛或毛稀少部分。首先在鸡冠、肉髯、眼睑和喙角出现灰白色小丘疹，随后相互融合形成干燥、粗糙、棕褐色的结痂，突出于皮肤表面。一般没有全身性症状，病情严重时，雏鸡表现出精神委靡，食欲消失废绝，体重减轻，甚至引起死亡；产蛋鸡则产蛋量显著减少或完全停产，对规模养鸡场危害甚大。

### （二）黏膜型

多发生于小鸡或青年鸡，死亡率高，小鸡可达50%左右。此型鸡痘的病变主要在口腔、咽喉和气管等黏膜表面（图1-15、图1-16；图片来源：张中直）。病初表现为鼻炎症状，流鼻涕，初为浆液性，后为脓性。有时眼睑肿胀，结膜粘有脓性或纤维蛋白性渗出物，引起角膜炎而失明。2～3天后，口腔、咽喉黏膜发生痘疹。初呈圆形黄色斑点，逐步扩散成为大片沉着物（假膜），很像人的“白喉”，故称白喉型鸡痘或鸡白喉。随着病程发展，假膜逐渐扩大增厚，成棕色痂块，凹凸不平，不易剥离，使口腔咽喉部堵塞，严重时引起呼吸困难，甚至窒息而死。

### （三）混合型

是指皮肤型和黏膜型同时发生，病情比较严重，死亡率较高。

## 四、诊断

本病症状特殊，不难作出诊断。根据发病情况、病鸡的冠、肉髯和其他无毛部分的结痂病灶，以及口腔和咽喉部的白喉样假膜就可以作出确诊。

## 五、防治措施

### （一）加强饲养管理，加强鸡舍通风

一旦发生此病应隔离饲养，严重者应及时淘汰，死鸡深埋或焚烧。被污染的鸡舍、运动场和用具要彻底消毒，以免散播。隔离鸡应在完全康复后2个月方可合群。平时搞好环境卫生，及时消毒，消灭吸血昆虫等虫媒。

### （二）免疫接种

鸡痘的防治除了加强鸡群的卫生、管理等一般预防措施之外，在鸡

痘流行区，对所有易感鸡进行预防接种是可靠的办法。

鸡痘鹌鹑化弱毒疫苗：对初生雏鸡（6日龄以上）及成鸡均可应用。用50%甘油生理盐水或生理盐水稀释。用鸡痘刺种针或消毒过的钢笔尖蘸取疫苗，在鸡翅内侧无血管处皮下刺种，初生（6日龄以上）雏鸡，200倍稀释疫苗，刺种一针；超过20日龄的雏鸡，100倍稀释疫苗，刺种一针；1月龄以上的鸡，可用100倍稀释的疫苗刺种2针。接种后3～4天，刺种部位可见红肿、水疱及结痂，2～3周后痂块脱落，免疫持续期初生雏鸡为2个月；大鸡为5个月。此种疫苗免疫效果好，但对雏鸡反应较重。

### （三）药物治疗

本病尚无特效的药物治疗。通常采用一些对症疗法，以减轻症状、防止破溃感染和促进早愈，防止并发症。皮肤上的痘痂，一般不作治疗，必要时可用清洁镊子小心剥离，伤口涂碘酒、红汞或紫药水。患白喉型鸡痘时，口腔黏膜的假膜用镊子剥掉，1%高锰酸钾洗后，用碘甘油或氯霉素、鱼肝油涂擦。病鸡眼部如果发生肿胀，眼球尚未损坏，可将眼部蓄积的干酪样物质排出，然后用2%硼酸溶液或1%高锰酸钾液冲洗干净，再滴入5%蛋白银溶液。剥离下的假膜、痘痂或干酪样物质都应烧掉，严禁乱丢，以防散毒。

## 第六节　鸡马立克氏病

鸡马立克氏病是一种常见的病毒性传染病，引起鸡的所有器官、组织生成肿瘤。此病传染性强，传播速度快，潜伏期较长（1～3个月），急性发病的鸡场淘汰及死亡率达10%～80%，是对养鸡生产威胁严重的一种传染病。

## 一、病原

鸡马立克氏病的病原体是Ⅱ型疱疹病毒，此病毒以两种形式存在，一种是没有发育成熟的病毒，称为不完全病毒或裸体病毒，主要存在于肿瘤组织及白细胞中，此种病毒离开活体组织和细胞很易死亡。另一种是发育成熟的病毒，称为完全病毒，对外界环境有强的抵抗力，存在于羽毛囊上皮细胞及脱落的皮屑中。

## 二、流行病学特点

此病毒主要存在于羽毛囊上皮细胞及脱落的皮屑中，因此常和尘土一起随空气到处传播而造成传染。

初生雏鸡对鸡马立克氏病最易感。病鸡终身带毒排毒。不同品种鸡易感性不同。母鸡发病率较公鸡高，肉鸡发病率较蛋鸡高，本地土种鸡更易感染。

马立克氏病病毒不经蛋内传染。蛋壳表面如沾有含病毒的尘埃、皮屑又未经消毒就可造成鸡马立克氏病的传染，病毒也可经消化道、呼吸道传播。

除鸡外，火鸡、野鸡、珍珠鸡也都可能自然感染鸡马立克氏病。鸭、鹅、鸽、金丝雀、天鹅等也有发生此病的报道。

## 三、临床症状

在鸡场中自然感染马立克氏病的鸡群，肉鸡多在 40 ～ 60 日龄发病，蛋鸡多在 70 ～ 140 日龄发病。鸡马立克氏病可分为神经型、内脏型、眼型和皮肤型。

急性内脏型：病鸡精神委靡，羽毛散乱，走路迟缓，常缩颈蹲在墙角下，常拉绿色稀便。病鸡往往在发病半个月左右死亡，严重的鸡群在发病高峰时，每日可死亡 10%，严重时全群覆灭。

神经型：此型较多发生，由于病变部位不同，症状上有很大区别。当支配腿部运动的坐骨神经受到侵害时，病鸡开始走路不稳，逐渐一侧或两侧腿瘸，严重时瘫痪不起。典型的症状是一腿向前伸一腿向后伸的“劈叉”姿式（图 1–17）。当颈部神经受损害，病鸡的脖子常斜向一侧，有时见大嗉囊及病鸡蹲在一处呈无声张口喘气的症状。有神经症状的鸡早期食欲较好，如能得到饲料和饮水，病鸡常可存活较长时间。

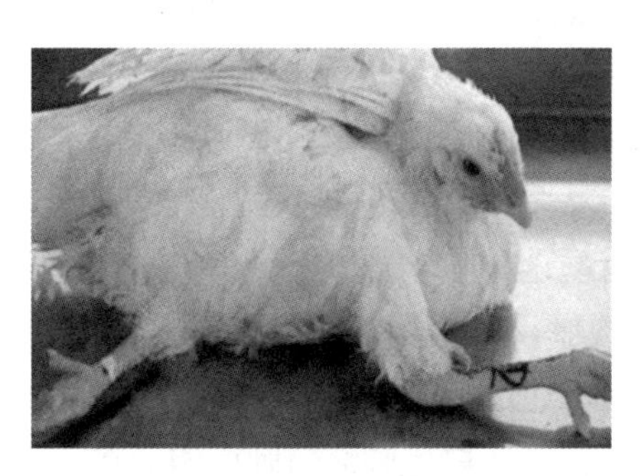

图 1–17　神经型症状

眼型：病鸡一侧或两侧眼睛失明，失明前的眼睛多不见炎性肿胀，病鸡眼睛的瞳孔边缘不整齐呈锯齿状，并见缩小，眼球如“鱼眼”或“珍珠眼”，见图 1–18（图片来源：张中直）。

皮肤型：病鸡煺毛后见体表的毛囊腔形成结节及小的肿瘤状物，在颈部、翅膀，大腿外侧较为多见，肿瘤结节呈灰黄色，突出于皮肤的表面，有时破溃。见图 1–19（图片来源：范国雄）。

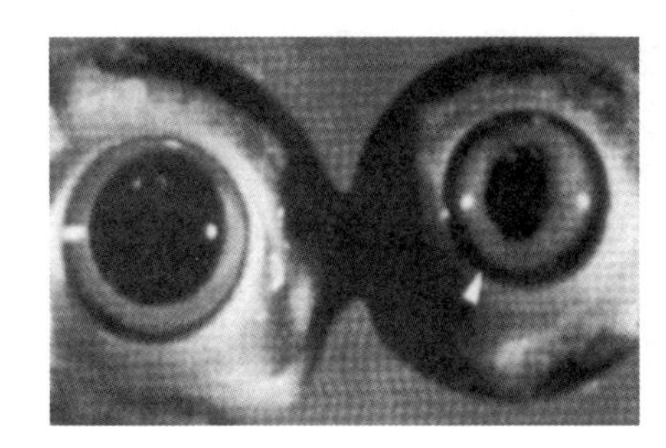

图 1–18　眼型症状

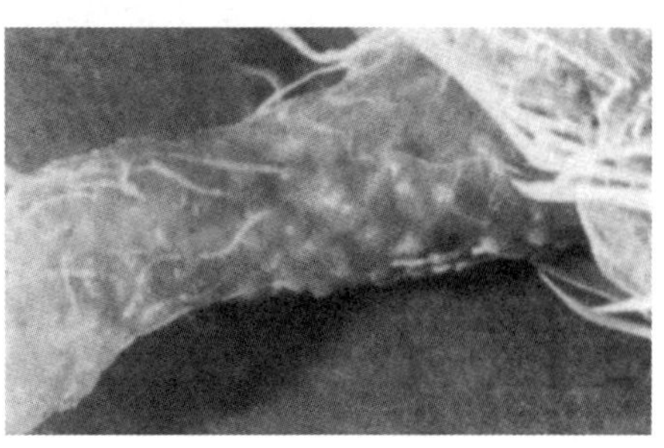

图 1–19　皮肤型症状

## 四、剖检变化

内脏型病鸡的肿瘤多发生于卵巢、肝、肾、睾丸、腺胃、心脏和肺。

卵巢：肿大 2 ～ 10 倍不等，呈菜花状或脑样，有的仅部分卵巢肿大，表面光亮，淡灰黄色。60 日龄肉鸡的卵巢肿瘤可呈核桃大小，色灰黄，质韧。

肝脏：肿大，质脆，有时为弥散型的肿瘤，有时见粟粒至黄豆大小的灰白色瘤，几个至十几个不等，这些肿瘤质韧稍突出于肝表面，有时肝脏上的肿瘤如鸡蛋黄大小（图 1–20；图片来源：范国雄）。

肾：两侧肾肿大，多散在灰白色斑，有的肿瘤与肾组织界线明显，有的镶嵌在一起，肾质地稍脆。

腺胃：肿大壁增厚，质坚实，在浆膜面上见到灰白色病变区，呈黄豆大小，切开后见灰白色结节。

肺：在一侧或两侧见灰白色肿瘤与肺脏镶嵌在一起，质韧。

心脏：在心外膜见灰白色肿瘤，常突出于浆膜面，呈米粒至黄豆大小。

脾脏：肿大 3 ～ 7 倍不等，呈淡红褐色，见弥散性针尖大小灰白点，也有时见到米粒大小的灰白斑（图 1–21；图片来源：范国雄）。

肌肉：肌肉的肿瘤多发生在胸肌或大腿内侧，肿瘤质韧，淡灰色，突出于肌肉表面，米粒至蚕豆大小。

法氏囊：多萎缩，皱褶大小不等。

图 1–20　肝脏肿瘤

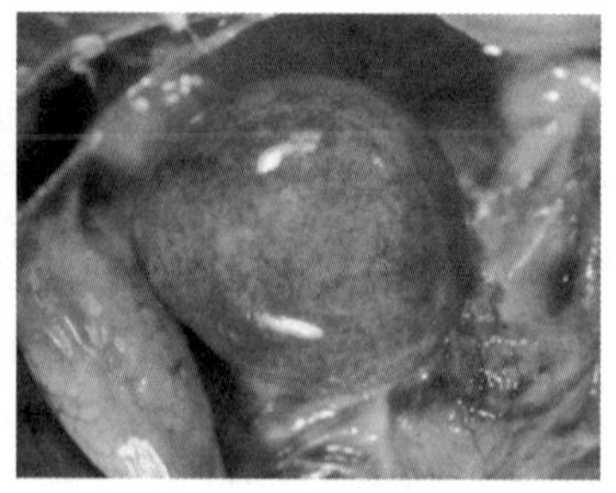

图 1–21　脾脏肿大

神经型：多见坐骨神经、坐骨神经丛、臂神经丛、迷走神经肿大增粗几倍至十几倍，神经表面光亮，银白色纹理部分或全部消失，神经粗细不匀呈结节状，多呈乳白色。

## 五、诊断

可根据病鸡的典型症状、流行特点及病理剖检病变进行综合性诊断，多数病鸡可以确诊，对症状不典型或病变不明显的鸡应进行病毒分离及其他生物学试验来确诊。

## 六、防治

### （一）卫生防疫措施

大型鸡场的孵化室与育雏车间应远离成鸡舍，并建在上风向地理位置，孵化和育雏前应彻底消毒。工作人员在进入工作室时应换鞋、更衣、洗手，育雏时最好实行封锁隔离制度，忽视卫生防疫措施可使免疫失败。此病疫苗只有预防肿瘤的发生，但不能阻止强毒感染。因此，育雏阶段的隔离措施可推迟强毒感染，以便使免疫鸡有足够时间建立坚强的免疫力。

### （二）用疫苗预防鸡马立克氏病

疫苗接种是预防本病的关键。为了提高疫苗的保护率，必须认真地配合上述卫生防疫措施，同时还应尽早对 1 日龄雏鸡接种疫苗。

马立克氏病疫苗有 3 种：第 1 种为血清 3 型毒株——火鸡疱疹病毒（HVT），对鸡和火鸡均不致瘤，免疫后能抑制肿瘤的发生；第 2 种为血清 2 型自然弱毒株；第 3 种为人工致弱的血清 1 型毒株。养鸡生产中所使用的疫苗主要利用以上 3 个血清型的疫苗株制备的单价和多价疫苗。单价疫苗主要有 HVT 冻干苗、细胞结合疫苗及 CVI988 等，后两种疫苗要在液氮中保存和运输。多价疫苗主要有血清 2 型和 3 型组成的二价苗及 1、2、3 型组成的 3 价苗，这些疫苗均需在液氮中保存和运输。

不论哪种疫苗在使用时均应注意以下问题：雏鸡在 1 日龄接种，稀释疫苗的操作应在冰箱或冰瓶内进行，并要在 2 小时内用完；疫苗接种要有足够的剂量。

# 第七节 白血病

禽白血病是由白血病病毒引起的一种有多种病型的慢性传染病，从病理学来看是一群肿瘤性疾病，包括了良性和恶性肿瘤。

## 一、病原

白血病的病原为一个病毒群，核酸型属于核糖核酸（RNA），为黏液病毒类，和马立克氏病是完全不同的另外一类病毒。

## 二、流行病学特点

本病在自然情况下只有鸡能感染。不同品种或品系的鸡对病毒感染和肿瘤发生的抵抗力差异很大。母鸡的易感性比公鸡高，多发生在 18 周龄以上的鸡，呈慢性经过，病死率为 5% ～ 6%。传染源是病鸡和带毒鸡。在自然条件下，本病主要以垂直传播方式进行，也可水平传播。饲料中维生素缺乏、内分泌失调等因素可促进本病的发生。

## 三、临床症状和剖检变化

下面介绍几个比较重要的白血病类型。

### （一）淋巴细胞性白血病

主要发生在种鸡群的老鸡中，在国外有的鸡群死亡率达 23%，种蛋带毒率达 1.6% ～ 12.5% 不等。性成熟前母鸡很少发病。此病病程缓慢，有的毒株接种鸡胚或 1 ～ 14 日龄雏鸡后潜伏期达 14 ～ 20 周龄。

（1）临床症状

病鸡消瘦、沉郁，鸡冠及肉髯苍白或黯红，不食或食欲不振，一些病鸡拉绿色稀便。

（2）剖检变化

肝肿大 5 ～ 10 倍，见不同类型的肿瘤，结节型和粟粒型的肿瘤呈灰或灰黄色，光亮质韧，一些肿瘤的周围见出血及坏死。弥散型肿瘤常使肝变得灰白、质脆，常见大理石样花纹。肿大的肝脏可充满腹腔，俗称“大肝病”（图 1–22；图片来源：范国雄），这种病鸡常因肝破裂出血而急性死亡。类似的病理变化可在脾、肾、法氏囊、性腺中见到。

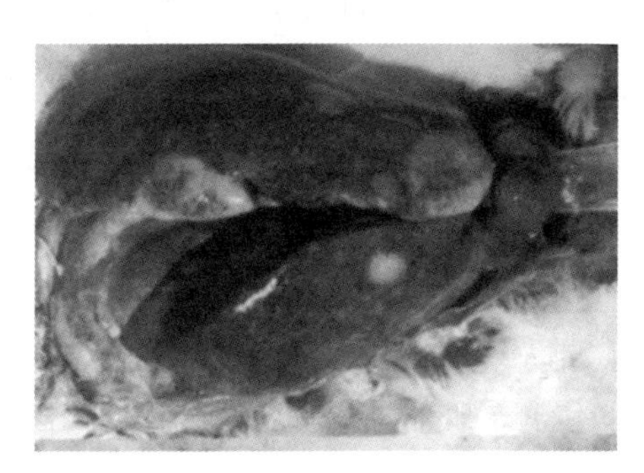

图 1–22　肝肿大病症

## （二）成红细胞性白血病

此病分为增生型和贫血型，前者较多见，后者多发生于 180 日龄左右的高产品种的鸡群中。由于毒株的不同、感染病毒多少不等及日龄的差异等，此病的潜伏期在 21 ～ 110 天不等。

（1）临床症状

病鸡精神沉郁、消瘦，常见毛囊出血，病程常持续几个月。

（2）剖检变化

两型共同的变化是：血液稀薄，各脏器散在出血点，有时见脾脏梗死和血栓形成，心包积液及肺水肿。可见腹水及肝脏腹面有纤维蛋白状凝块。

增生型：肝、脾、肾明显肿大 1 ～ 2 倍不等，质脆、肝脏易破裂，严重时水样稀薄。贫血的内脏萎缩，脾脏最明显，骨髓可见弥漫性增生，呈淡黄色的胶冻样。

## （三）成骨髓细胞性白血病

此病毒大剂量感染 1 日龄雏鸡，几天后小鸡就可发生死亡，可持续 4 周，以后只是零星死亡。

（1）临床症状

病鸡嗜睡、体弱，冠及肉髯苍白，病重时不食，常腹泻，由于血液凝固性降低，毛囊常见出血，病程比成红细胞性白血病长。

（2）剖检变化

各脏器肿大、质脆，肝脏常见弥散性的肿瘤结节。慢性病例肝脏质地柔软光滑，骨髓呈淡红或灰白色。严重病例肝、肾、脾等脏器见弥散性灰白色的肿瘤组织侵润，脏器外观呈现斑纹状。

（3）诊断

血液涂片有特征变化；外周血液中成骨髓细胞总数达 75%，抗凝的血液离心后白细胞层比红细胞层厚。成骨髓细胞个大，嗜酸性，有核仁 1 ～ 4 个不等（多不显示）。在肝和骨髓的切片中，见成骨髓细胞后，即可作出诊断。

## （四）骨髓细胞瘤

此病主要发生于性未成熟的鸡，感染本病毒的鸡潜伏期 3 ～ 11 周不等。

（1）临床症状

由于骨髓细胞的增生，在头骨、颌骨、肋骨、胸骨和胫骨发生特征的异常隆凸。全身症状和骨髓细胞性白血病有相似之处。

（2）剖检变化

由骨髓细胞增生所引起的骨瘤主要发生在软骨处，在骨骼的表面及与骨膜紧连的部位也常见。外观无光泽，淡黄色、柔软，呈弥漫性或结节性的分布，两侧对称。

### （五）内皮瘤

也称血管瘤、血管内皮瘤或血管细胞瘤，各种不同日龄的鸡都可发生此病。

（1）临床症状

这种内皮瘤在皮肤的表面以单个或多个的形式出现。常因瘤壁破溃造成大出血，周围的羽毛及皮肤被血液浸染。病鸡常贫血，多死于大出血。

（2）剖检变化

内皮瘤是血管系统的肿瘤，当发生在皮肤和内脏时，肿瘤很像血疱。在内脏的肿瘤中常见血凝块。

### （六）肾真性瘤

主要发生于2～6月龄的鸡，5月龄以上的鸡常见。

（1）临床症状

随着肾脏肿瘤的恶性生长，病鸡消瘦，虚弱，由于肿瘤压迫坐骨神经，病鸡多瘫痪。

（2）剖检变化

在初期较小的肾肿瘤，常为淡粉红色的小结节，多埋藏于肾实质中；严重时肾组织淡灰色，分叶的肿瘤团块可取代肾组织。在较大的肿瘤中常见囊肿，有的病鸡两侧的肾脏被囊肿所替代。

### （七）骨化石病

也称为脆性骨质硬化型白血病。自然发病多见于 8 ～ 12 周龄，1 日龄鸡接种本病毒后，可于 1 月龄发病。

（1）临床症状

主要侵害两腿，可见骨干或骨骺端均匀或不规则的增厚，病变局部温度增高。病程较长的鸡的胫骨呈“穿靴样”，病鸡走路拘谨，常有痛感。

（2）剖检变化

病变主要发生于胫骨、跗骨的骨干，骨盆骨和肋骨也可见到，两侧病变多对称。早期病灶只是骨膜增厚，严重时骨髓腔堵塞。后期骨质石化，表面坚硬多孔。骨质的病变最具有特征性，较易作出诊断。

## 四、诊断

淋巴白血病从症状上诊断是比较困难的，在实际工作中，主要依靠病理剖检的肿瘤变化做出初步诊断。确切的诊断应进行病毒分离、雏鸡接种试验、血清学试验及病理组织学的检查等。

## 五、防治

本病主要为垂直传播，病毒型间交叉免疫力很低，雏鸡免疫耐受，对疫苗不产生免疫应答，所以对本病的控制尚无切实可行的方法。

综合性的防制措施可采取如下几点：一是当种鸡群中发现病鸡及可疑病鸡时应坚决淘汰，消灭传染源；二是孵化的种蛋应来自无白血病的健康鸡群，同时加强鸡场孵化、育雏等环节的消毒工作，特别是育雏期（最少 1 个月）封闭隔离饲养，并实行“全进全出”制。培育无白血病的种鸡群。生产各类疫苗的种蛋、鸡胚必须选自无特定病原（SPF）鸡场；三是雏鸡易感染此病，饲养管理中必须严格与成鸡隔离饲养；四是坚持经常的卫生防疫措施。

# 第八节
# 鸡传染性法氏囊病

鸡传染性法氏囊病是一种破坏鸡中枢免疫器官——法氏囊（也称腔上囊）的病毒性传染病。此病 1957 年首先发生于美国德拉瓦州甘布罗镇的肉鸡群，因此也常称“甘布罗病”。

## 一、病原

鸡传染性法氏囊病病毒为双 RNA 病毒科。在电镜下见到感染细胞内的病毒呈晶格状排列，20 面立体对称，病毒粒子 55 ～ 60 毫微米。

## 二、流行病学特点

不同品种的鸡均有易感性。有母源抗体的鸡多在母源抗体下降至较低水平时感染发病。3 ～ 6 周龄的鸡最易感，也有 15 周龄以上鸡发病的报道。该病全年均可发生，无明显季节性。人员、车辆出入污染的鸡舍不进行消毒，器具、饲料从污染的鸡舍中移出后消毒不彻底等因素都可传播本病。鼠、昆虫也可传播此病，病毒在鸡群中传播速度极快。

该病的另一流行病学特点是，发病的鸡场常常出现新城疫、马立克氏病等疫苗接种的免疫失败，这种免疫抑制现象常使发病率和死亡率急剧上升。传染性法氏囊病产生的免疫抑制程度随感染鸡的日龄不同而异，初生雏鸡感染传染性法氏囊病毒最为严重，可使法氏囊发生坏死性的不可逆病变。

## 三、临床症状

此病的特征是幼中雏鸡突然发病，病程多在一周左右。此病来得急，症状消失得快，具有一过性的特点。本病感染率为 100%，死亡率 0% ～ 36%不等，潜伏期 2 ～ 3 天。患病鸡羽毛逆立、无光泽，常蹲缩在墙角下或热源旁边。有的病雏身体有震颤的症状，此时步态不稳，严重时蹲下不动。病鸡多在感染后 2 ～ 8 日排特征性的白色水样稀便。

此病暴发流行后多转入不显任何症状的隐性感染，常称为亚临床型，因此不易被发现，其危害性更大，造成的经济损失更严重。

## 四、病理剖检

法氏囊特征性的肉眼病变如下：感染 2 ～ 3 天后，法氏囊呈淡黄色，浆膜水肿，有时见黄色胶冻样物，严重时出血，个别法氏囊呈紫黑色。此时切开囊腔后，常见黏膜皱褶有出血点或出血斑，常见奶油状物或黄色干酪样栓塞。感染 4 天后法氏囊开始萎缩，此时呈白陶土样外观，逐渐黄色化，5 天后法氏囊明显萎缩，仅为正常法氏囊的 1/10 ～ 1/5，呈蜡黄颜色。

病鸡的腿部、腹部及胸部肌肉常见条纹状出血或出血斑，胸腺肿大，多见出血。肾肿，褐红色，有时见尿酸盐沉积。腺胃乳头周围常充血，有时出血。泄殖腔黏膜常见出血（早期感染）。盲肠扁桃体常肿大、出血。

剖检变化见图 1–23、图 1–24（图片来源：范国雄）。

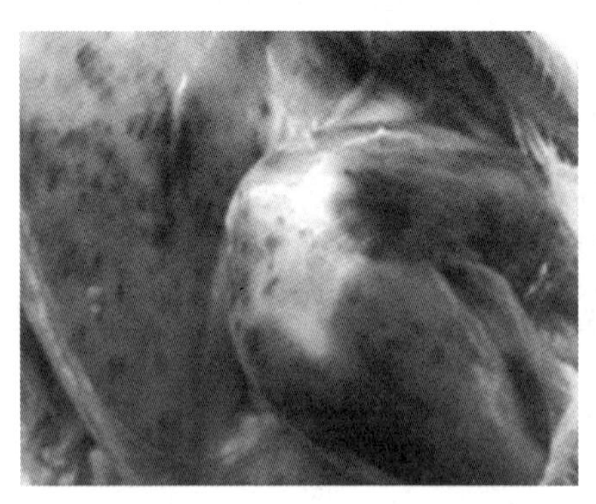

图 1–23　胸部、腿部出血

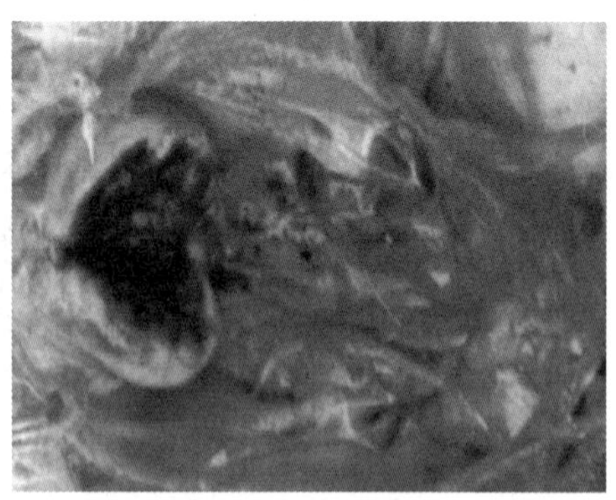

图 1–24　法氏囊出血

## 五、诊断

可根据流行病学特点，特征性的临床症状，病理剖检变化等作出初步诊断，确诊需做实验室检测。可用琼脂扩散试验、荧光抗体试验、病毒中和试验等检查。

## 六、防治

### （一）制定严格的卫生防疫措施

做好预防工作，特别注意进鸡前鸡舍及环境的净化消毒，采用“全进全出”制及封闭式育雏。

### （二）搞好免疫接种

（1）疫苗的种类和选择

弱毒疫苗：分为温和型和中等毒力弱毒苗。B87 疫苗可用于雏鸡，可使用饮水、滴鼻、点眼于 14 ～ 21 日龄首免。中等毒力株疫苗可用于预防强毒和超强毒感染的传染性法氏病，饮水每只鸡 2 头份。

灭活疫苗：有细胞灭活疫苗和组织灭活疫苗，用于免疫产蛋前的母鸡，肌肉注射疫苗 0.5 ml，其免疫抗体可以经卵传递给雏鸡，这种雏鸡的母源抗体可保护雏鸡 3 ～ 4 周龄，保护率达 80% ～ 90%，免疫母鸡在一年内所产的蛋中都含有母源抗体，本疫苗安全有效。

（2）商品蛋鸡、商品肉鸡的免疫程序

无母源抗体的鸡群：14 日龄用弱毒疫苗饮水，再于 25 ～ 28 日龄进行二免。

有母源抗体的鸡群：首免于 25 ～ 28 日龄弱毒疫苗饮水，再于 35 ～ 38 日龄进行二免。

（3）种鸡的免疫程序

种鸡在首免、二免的基础上，于 14 ～ 18 周龄和 40 ～ 42 周龄用灭活疫苗免疫。

（4）治疗措施

发病早期注射抗鸡传染性法氏囊病的高免血清或高免蛋黄，具有较好的疗效。用量为每只鸡肌肉注射 1 ～ 2 ml。通常一次即可，最好全群注射。症状好转后，在注射高免血清或高免蛋黄后第 7 天用弱毒疫苗饮水 1 次。为了防止继发感染，需加强饲养管理，补喂多种维生素。

## 第九节 鸡传染性支气管炎

鸡传染性支气管炎是由鸡传染性支气管炎病毒引起的急性、高度接触性的呼吸道传染病。其特征是病鸡咳嗽、喷嚏，气管发生啰音、甩鼻，产蛋量减少及蛋质改变，造成较大的经济损失。

### 一、病原

病原为传染性支气管炎病毒。病毒主要存在于病鸡呼吸道渗出液中，实质脏器及血液中也能发现病毒。鸡传染性支气管炎病毒具有很强的变异性，目前，世界上分离出 30 多个血清型。

### 二、流行病学特点

此病只感染鸡，其他家禽均不感染。各种日龄、品种的鸡都可发病，以雏鸡最严重，死亡率也最高。一般是 40 日龄以内的鸡多发。

此病主要经过呼吸道传播，病鸡从呼吸道排出病毒，通过飞沫传给易感鸡。也可通过被污染的饲料、饮水及用具经过消化道传染。病鸡与健康鸡同舍饲养，传播迅速，可在 48 小时内出现症状。康复鸡所产的蛋、气管与泄殖腔的分泌物均可带毒，一般不超过 35 天。

鸡群拥挤、过热、过冷、通风不良、缺乏维生素和矿物质，以及饲料供应不足等，均可诱发本病。秋冬季节易流行。

## 三、临床症状

潜伏期 1 ～ 7 天，平均 3 天。病鸡无明显前趋症状，常突然发病，出现呼吸道症状，并迅速波及全群为特征。病雏鸡表现为伸颈，张口呼吸，咳嗽，有特殊的呼吸音。随着病情的发展，全身症状加重，精神委靡，食欲废绝，羽毛松乱，翅下垂，昏睡，怕冷，常挤在一起。两周龄以上病雏鸡还常见鼻窦肿胀、流出黏性鼻液、病鸡逐渐消瘦等症状。育成鸡和成年鸡发病时，主要症状是呼吸困难，咳嗽，喷嚏，气管有啰音，一般少见鼻腔有分泌物。有的病毒株还侵害肾脏，引起肾炎、肠炎，可见急剧下痢症状。产蛋鸡的产蛋量下降 0% ～ 25%，同时产软壳蛋、畸形蛋或粗壳蛋。蛋内容物的品质也发生改变，如蛋白稀薄如水样，蛋白和蛋黄分离以及蛋白粘于蛋壳膜上面等。孵化率低于 7%。

病程一般为 1 ～ 2 周，有的长达 8 周。雏鸡死亡率可达 25%。患病的幼龄母鸡长成后，其输卵管可能造成永久性损害，成为“假母鸡”。

## 四、剖检变化

### （一）气管型

主要病变是气管、支气管和鼻腔有浆液性或干酪样渗出物，在气管下部或支气管中有黏液栓。气囊可能混浊或含有干酪样渗出物。雏鸡鼻腔、鼻窦黏膜充血，有黏稠分泌物。产蛋母鸡的腹腔内可见液状卵黄物质，卵泡充血、出血或见卵巢退行性病变。

### （二）肾型

剖检时见肾脏肿大、苍白，肾小管和输尿管充满尿酸盐结晶，肾表面呈花斑状，并伴有肠炎变化。见图 1–25。

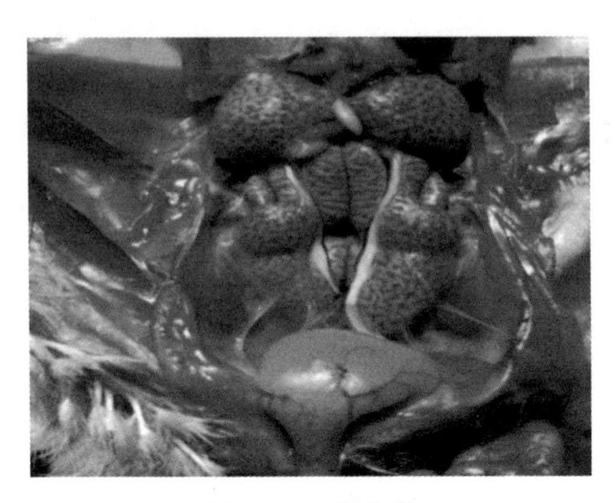

图 1-25　花白肾

## 五、诊断

根据流行病学特点、临床症状和病理剖检可做出初步诊断，确诊时需进行病毒分离和鉴定。

## 六、防治

### （一）加强饲养管理

饲喂全价饲料，注意环境卫生，定期消毒，改善舍内通风，严防舍内温度突变，防止鸡群过度拥挤。病鸡严密隔离，重病鸡应早淘汰，轻病鸡加强管理、治疗，防止继发感染。

### （二）免疫防治

患传染性支气管炎的康复鸡具有免疫力。康复鸡所产的蛋含有抗体，雏鸡的母源抗体可持续 4 周，4 周后雏鸡仍可感染发病。

（1）疫苗的种类和选择

鸡传染性支气管炎疫苗有 H120 和 H52 等弱毒疫苗。H120 弱毒苗适用于 1 ～ 4 周龄雏鸡；H52 弱毒苗适用于 30 日龄以上的鸡。H120 苗免

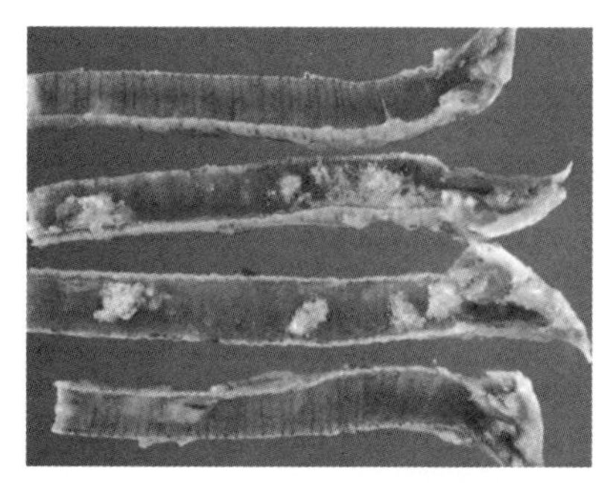

图 1–26　喉头和气管黏膜附着黄白色黏液或黄色干酪样物

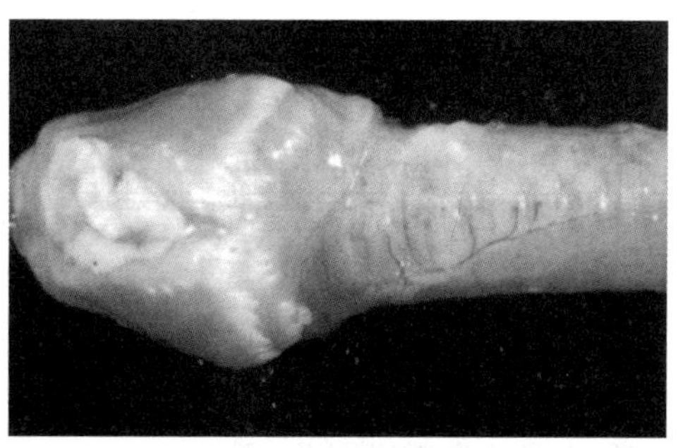

图 1–27　喉头形成干酪样物栓塞

疫后 30 日龄再用 H52 苗二免。免疫后 5 ～ 8 日产生免疫力。H120 的免疫保护期为两个月。种鸡可以在 2 ～ 4 月龄可接种油佐剂灭活苗，免疫期达 4 个月。

（2）免疫程序

根据本地区流行情况选最佳程序，现介绍可供参考的免疫程序：7 ～ 9 日龄选用 H120 疫苗滴鼻或点眼，15 ～ 20 日龄再用 H120 滴鼻或点眼，开产前 20 日用传染性支气管炎灭活疫苗，肌肉注射。同时用 H52 疫苗滴鼻点眼免疫。另外，也可用气雾和饮水等方法进行免疫。由于传染性支气管炎病毒的血清型多，抗原性差异大，不同毒株侵害的器官及引起的病理变化也不一致，因此，用 H120 和 H52 弱毒苗和单价苗已达不到预防的作用。特别是肾型传支的出现，上述疫苗效果不佳。目前有用国内分离的肾型和气管型的两株强毒研制的二价油乳剂灭活苗，具有较高的保护率，免疫程序为 10 ～ 15 日龄用 H120 苗免疫，同时肌注二价灭活苗免疫后，7 ～ 10 日产生免疫力，免疫期达 3 个月。蛋鸡和种鸡于产蛋前 2 ～ 4 周再次肌肉注射二价灭活苗，整个产蛋期可以控制此病的发生。

# 第十节 鸡传染性喉气管炎

鸡传染性喉气管炎是由传染性喉气管炎病毒引起的一种急性、接触性上呼吸道传染病。此病传播快，死亡率较高，在我国较多地区发生和流行，危害养鸡业的发展。

## 一、病原

该病病原为传染性喉气管炎病毒（属疱疹病毒I型）。该病毒只有一个血清型。

## 二、流行病学特点

易感动物：在自然条件下，此病主要侵害鸡，各种年龄及品种的鸡均可感染，但以成年鸡症状最为特征。幼龄火鸡、野鸡、鹌鹑和孔雀也可感染。鸭、鸽、珍珠鸡和麻雀不易感，哺乳动物不易感。

易感时间：此病一年四季均可发生，秋冬寒冷季节多发。鸡群拥挤、通风不良、饲养管理不好、缺乏维生素、寄生虫感染等，都可促使此病的发生和传播。

发病率和病死率：本病一旦传入鸡群，则迅速传开，感染率可达90％～100％，致死率一般在10％～20％。最急性型死亡率可达50％～70％，急性型一般在10％～30％，慢性型或温和型死亡率约5％。

## 三、临床症状

发病初期，常有数只病鸡突然死亡。患鸡初期有鼻液，呈半透明状，眼流泪，伴有结膜炎。其后表现为特征性的呼吸道症状，呼吸时发出湿性啰音，咳嗽，有喘鸣音，病鸡蹲伏地面或栖架上，每次吸气时头和颈部向前向上，张口，尽力吸气的姿势（图1-28）。严重病例，高度呼吸困难，痉挛咳嗽，可咳出带血的黏液，污染喙角。在鸡舍墙壁、垫草、鸡笼、鸡背羽毛或邻近鸡身上沾有血迹。若分泌物不能咳出时，病鸡可窒息死亡。病鸡食欲减少或废绝，迅速消瘦，鸡冠发紫，有时还排出绿色稀粪。最后多因衰竭死亡。产蛋鸡的产蛋量迅速减少，可达35%或停止，康复后1～2个月才能恢复。

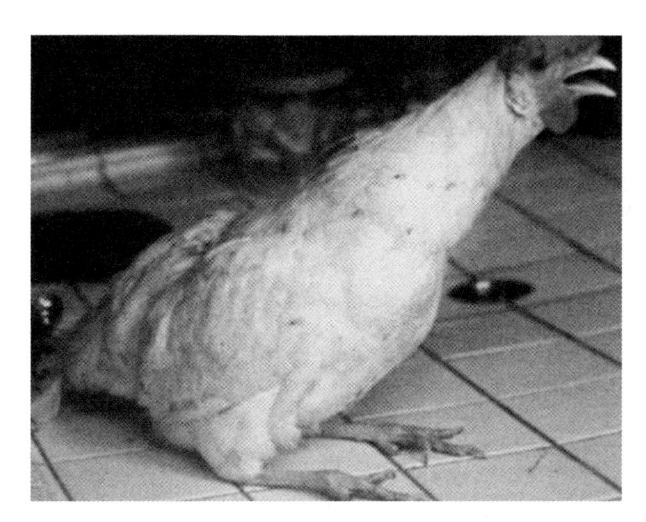

图1-28　呼吸高度困难，张口伸颈

## 四、剖检变化

病死鸡可见眼睑周围肿胀，结膜充血，水肿，有的呈点状出血，下眼睑水肿，角膜出现溃疡。喉头和气管黏膜明显充血、出血和肥厚，气管上皮坏死，呈现喉炎和出血性气管炎。喉头、气管内有带血的黏液性分泌物和条状血凝块。有的鸡喉头和气管黏膜附着黄白色黏液或黄色干酪样物，并在该处形成栓塞，病鸡多因窒息而死（图1-27、图1-28）。肺及支气管有炎性变化，脾、肝、胃、肠等有不同程度的淤血。

## 五、诊断

现场诊断：①本病常突然发生，传播快，成年鸡发生最多；发病率高，死亡因条件不同而差别大；②临床症状较为典型：张口呼吸、喘气、有啰音，咳嗽时可咳出带血的黏液；有头向前向上吸气姿势；③剖检死鸡时，可见气管呈卡他性和出血性炎症病变，以后者最为明显；气管内还可见到数量不等的血凝块。

实验室诊断：诊断方法有琼脂凝胶免疫扩散试验、病毒中和试验和酶联免疫吸附试验。

鉴别诊断：此病应与传染性支气管炎、支原体病、传染性鼻炎、鸡新城疫、黏膜型鸡痘、维生素 A 缺乏等病鉴别诊断。

## 六、防治

加强平时饲养管理，改善鸡舍通风，注意环境卫生，不引进病鸡，严格执行消毒措施，防止病原入侵。非疫区鸡群不接种疫苗，疫区可用弱毒疫苗点眼、滴鼻或饮水免疫。以点眼效果最好，临床上常见因饮水免疫出现的免疫失败。

此病尚无有效的治疗方法，鸡群一旦发病，应及时隔离淘汰。病鸡群每天用高效消毒药进行至少一次带鸡消毒，同时投服泰乐菌素、红霉素、羟氨苄青霉素等抗菌药物，防止细菌继发感染，配合化痰止咳的中药，可缓解症状、减少死亡。

# 第十一节 鸡支原体病

鸡支原体病是由鸡支原体引起鸡的一类疾病的总称，其中对鸡危害较大的主要包括鸡慢性呼吸道疾病、传染性滑膜炎及火鸡支原体病。鸡支原体病分布于世界各养鸡国家，鸡群一旦感染就难以清除，严重危害养鸡业，常造成严重经济损失。

## 一、病原

病原为支原体。

## 二、流行病学特点

此病可通过接触传染和经蛋传染，也可通过带菌鸡的咳嗽、喷嚏的飞沫传染，以及通过污染的饲料、饮水传播。带菌蛋孵出的雏鸡带有病原体，可成为传染源。此外，还可以通过交配传染。此病在鸡群中传播时，可以不显症状或只呈现轻微的症状，须借助血清学试验才能检查出来。

单独感染支原体的鸡群，在正常的饲养管理条件下，常不表现症状，呈隐性经过。如果再感染了新城疫、传染性支气管炎或传染性鼻炎等病原体或接种了疫苗，均可诱发本病。鸡舍通风不良、过于密集饲养、突然改换饲料、卫生不良等都可使鸡体抵抗力降低，也成为该病的诱发因素。本病一年四季均可发生，以寒冷季节多发。

## 三、临床症状

潜伏期为 4 ～ 21 天。雏鸡患病时流鼻涕、咳嗽、窦炎、结膜炎及气囊炎，呼吸道啰音，生长停滞、单纯性感染本病死亡率低，并发感染死亡率可达 30%。产蛋鸡感染多呈隐性经过，仅表现产蛋下降，孵化率下降。此病常与大肠杆菌合并感染，出现发热、下痢等症状。

鸡传染性滑膜炎初期出现跛行，喜卧地。鸡冠苍白，生长停滞、翅关节及趾关节肿大，重者鸡冠萎缩，紫红色。全身羽毛蓬松，精神沉郁，粪便含有大量尿酸盐。死亡率 10%以下。

## 四、剖检变化

主要病变为眼、鼻窦、气管、支气管及气囊的卡他性炎症。气囊壁增厚，鼻窦腔和气囊内常有黏液性或干酪样渗出物。大肠杆菌混合感染时，可见纤维性心包炎和肝周炎。还可观察到肺炎及输卵管炎。

鸡传染性滑膜炎病鸡早期关节、腱鞘的滑膜内有黏稠、灰白色至黄色的渗出物。慢性病例渗出物为干酪样。肝脾肿大，肾肿大、苍白，呈斑驳状。

## 五、诊断

根据流行病学、临床症状和病理变化可以做出初步诊断。在临床上应注意和禽流感、传染性鼻炎、传染性支气管炎、传染性喉气管炎、黏膜型鸡痘以及维生素 A 缺乏症等相区别。要确诊鸡群是否感染了支原体须作病原分离鉴定和血清学试验。

病原的分离鉴定需要一定条件才能进行。常用对鸡群的监测方法是快速血清平板凝集试验。血清平板凝集试验快速、经济、敏感，鸡感染后 7 ～ 10 天就会出现阳性反应，其缺点是容易出现假阳性反应，常见于注射过油乳剂灭活苗的鸡群。

## 六、防治

### （一）药物防治

此病的敏感药物有泰乐菌素、支原净、红霉素、罗红霉素、长效土霉素、强力霉素、螺旋霉素、壮观霉素等。有条件的可进行药物敏感试验。

### （二）加强饲养管理

搞好鸡舍环境卫生，经常清扫、消毒，改善鸡舍的通风换气，及时接种疫苗，饲料营养全价，采用“全进全出”的饲养方式。

### （三）疫苗接种

7 日龄用弱毒疫苗免疫，可使鸡群得到良好保护。种鸡群产蛋前注射油乳剂灭活苗，可以很大程度上减少经蛋传播。

### （四）培育无支原体病的种鸡群

这是控制此病最根本的措施。要实现这个目标，必须采取综合性净化措施。如种鸡和育雏育成鸡分开饲养，实行全场的“全进全出”的饲养方式，采取各种手段阻断经蛋传播（变温法和药浴法），在产蛋前进行一次血清学检查，无阳性反应时可用做种鸡；对种鸡群单独饲养，严格消毒。

# 第十二节 鸡葡萄球菌病

鸡葡萄球菌病是一种由金黄色葡萄球菌引起的传染病。该病主要特征是败血症、关节炎、皮肤溃烂及雏鸡脐炎，严重时可引起15%～20%的死亡率，给养禽业造成了巨大的经济损失。

## 一、病原

病原是金黄色葡萄球菌，革兰氏阳性球菌，是环境常有菌，对理化因素抵抗力较强，75%酒精数分钟能杀灭。

## 二、流行病学特点

易感日龄：多发生在40～80日龄鸡，一年四季均可发生，潮湿季节发病率较高。

传播途径：黏膜、皮肤创伤感染、直接接触和空气传播，雏鸡可经脐带感染。

诱发因素：禽舍消毒不严格；断喙、转群过程中外伤；养殖密度过大，通风不良；营养缺乏引起的啄羽、啄肛等。

## 三、临床症状

常见临床症状有急性败血症型、关节炎型、脐炎型、眼型和肺型。依据病原菌侵入机体的部位不同，其致病力也不同，其临床表现多样，有时在同一病例会表现出两种以上的临床症状（图 1–29、图 1–30；图片来源：张中直）。

急性败血症型：精神沉郁、呆立、低头、两翅下垂、羽毛粗乱、食欲减退。多发生于胸、腹部和翅膀内侧皮肤或头、颈部皮肤，个别也发生在爪部。皮下蓄积血样渗出液，触诊波动感；部分鸡下痢，粪便呈黄绿色；病鸡 2 ～ 5 天死亡，严重者 1 ～ 2 天死亡。

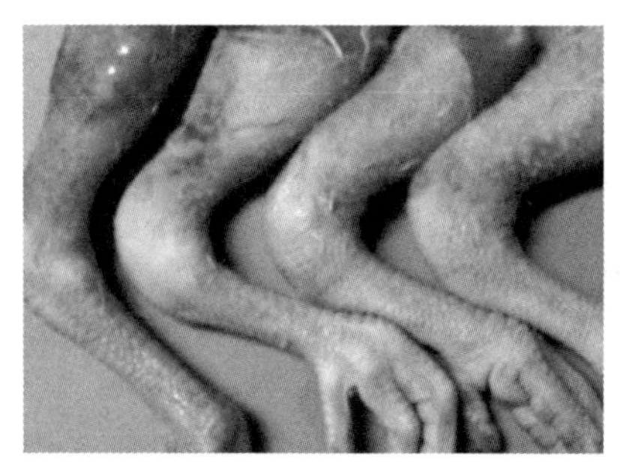

图 1–29　关节肿胀、发热

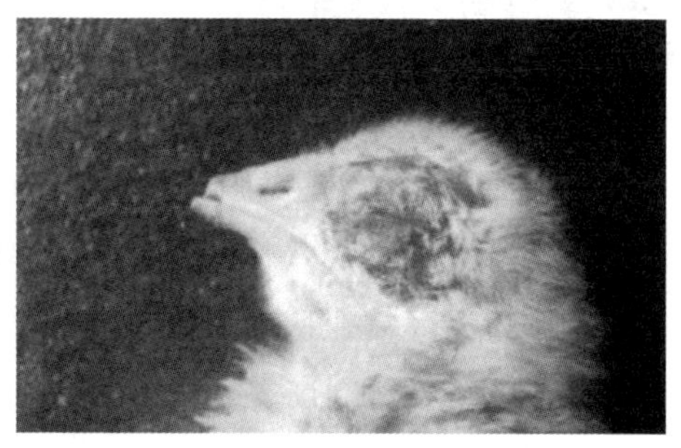

图 1–30　结膜肿胀、眼眶肿胀

关节型：主要侵害跖趾关节或胫跖关节，关节肿胀、发热，行走时出现跛行甚至卧地不起，最后衰竭死亡。有些病鸡仅表现为趾端出现坏疽，最后干燥脱落。

脐炎型：主要侵害新生雏鸡，病鸡腹部膨大，脐孔闭锁不全，脐孔及周围组织发炎、肿胀或形成坏死灶，形成红紫色痂皮，有恶臭，俗称“大肚脐”，可引发腹膜炎导致死亡。

眼型：发病中期可出现大量脓性分泌物、结膜肿胀、眼眶肿胀。

肺型：主要出现肺部淤血、水肿直至实质性变化，呼吸困难。

## 四、剖检变化

肺部病变最为常见，肺、气囊和胸腔浆膜上有针尖至小米粒或绿豆大小的结节，有的互相融合成大的团块，可使肺组织质地坚硬，弹性消失，切开时内容物呈干酪样。结节呈灰白色、黄白色或淡黄色。

## 五、诊断

根据临床症状、流行特点、病理变化可做出初步诊断，确诊需进行病原分离和鉴定。

## 六、防治

（1）加强养殖场日常管理和环境的消毒，种鸡场注重种蛋和孵化器的消毒，保持鸡舍的清洁和干燥。

（2）加强饲养管理，增加营养，补充多种维生素和微量元素，提高鸡体抵抗力。

（3）合理安排饲养密度，及时断喙，防止啄羽、啄肛。

（4）用“全进全出”的养殖制度，减少交叉感染。

# 第十三节 鸡曲霉菌病

曲霉菌病是烟曲霉和黄曲霉等曲霉菌引起的一种真菌性疾病，主要侵害呼吸器官，故又称曲霉性肺炎，一般雏鸡呈急性、群发性，发病率和死亡率都很高，成年鸡主要为慢性散发，造成较大经济损失。

## 一、病原

一般认为曲霉菌属中，烟曲霉菌是常见的高致病力的病原菌，其孢子在外界环境中分布很广，如垫草、谷物、木屑、发霉的饲料，同时墙壁、地面、用具和空气中都可能存在。此外黑曲霉、黄曲霉及白曲霉也混合感染。

## 二、流行病学特点

易感动物：鸡、鸭、鹅、火鸡、鸽子、水禽、野鸟等都是易感动物。

易感日龄：7～12日龄的雏鸡最易感，成年鸡散发。

感染途径：当垫料或者饲料污染严重时，雏鸡因吸入大量的曲霉菌孢子造成感染。孢子吸入气管后，会引起肺和气囊的感染；可通过眼睛感染，引起雏鸡的角膜炎。

诱发因素：饲料随意堆放出现霉变、禽舍通风不良等。

## 三、临床症状

潜伏期2～7天，食欲减退或废绝，翅膀下垂，羽毛松乱，精神沉郁，呼吸困难，喘气，呼吸次数增加，病鸡头颈直伸，张口呼吸，有时也见病鸡摇头、连续打喷嚏，甩鼻。由于氧气供给不足，冠和肉髯呈暗紫色。少数病鸡眼、鼻流黏液，后期出现下痢。病程一周左右，如不及时采取措施，死亡率可达50%以上。

## 四、剖检变化

肺部病变最为常见，肺、气囊和胸腔浆膜上，有针尖至小米粒或绿豆大小的黄白色和灰白色结节。切开见有轮层状同心圆结构，中心为干酪样坏死组织，肺出现霉菌病灶，质地坚硬（图1–31；图片来源：范国雄）。

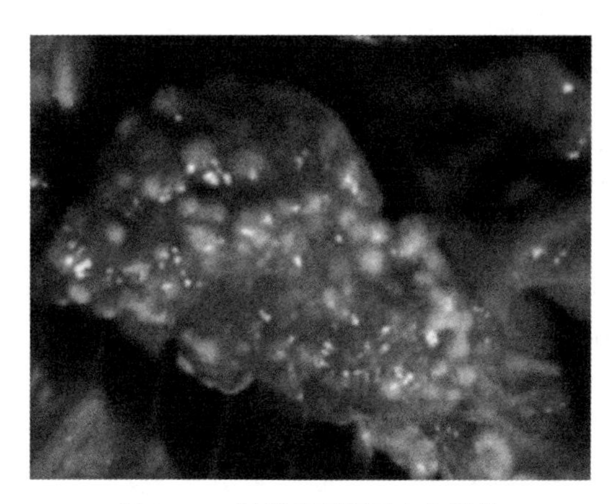

图 1–31　肺脏出现明显白色结节

## 五、诊断

根据流行病学、临床症状、有无接触发霉饲料或垫料及剖检变化做出初步诊断，确诊需实验室检查。

镜检方法：采肺或气囊上的结节，置于载玻片上，加生理盐水，用针划碎病料，加盖玻片，高倍镜能见到有交织成网状结构的霉菌丝体。

## 六、防治

禽舍保持清洁干燥，垫料要经常翻晒和更换，防止垫料发霉；合理通风换气，注意卫生消毒。

治疗方法：常用制霉菌素、两性霉素 B 防治本病。

# 第十四节 产蛋下降综合征

产蛋下降综合征是由产蛋下降综合征病毒引起蛋鸡产蛋率下降的急性病毒性传染病。主要特点是蛋鸡群产蛋率达到高峰时产蛋急剧下降，短时间内出现大量的无壳软蛋、薄壳蛋、沙皮蛋和畸形蛋、蛋壳颜色变浅。

## 一、病原

病原属于禽腺病毒Ⅲ群，能凝集禽类红细胞，但不能凝集啮齿动物、家畜及兔等哺乳动物的红细胞。能在鸭源细胞、鹅源细胞、鸡胚肝细胞上生长良好，经鸭胚或鹅胚尿囊腔接种可获得含量较高的病毒。经 0.5% 甲醛或 0.5% 戊二醛处理可灭活病毒。

## 二、流行病学特点

此病一年四季均可发生。各种年龄的鸡均可感染，但幼龄鸡不表现临床症状。该病主要发生于 24 ～ 36 周龄的鸡，此外鸭、鹅、火鸡、珍珠鸡等也可感染。不同品系的鸡对本病的易感性存在差异，产褐壳蛋的母鸡最易感，产白壳蛋的母鸡发病率较低。病鸡和带毒鸡是主要的传染来源，主要传播方式是经受精卵垂直传播。病鸡可向外界排毒并污染外界周围环境。经黏膜、口腔接种雏鸡和易感鸡可复制减蛋综合征病毒，证明在该病暴发流行时，也可以发生水平传播。

## 三、临床症状

感染鸡群以突然发生群体性产蛋率下降为特征。先期表现为下痢、食欲减退和精神委顿，随后蛋壳褪色，如白灰、灰黄粉样。出现软壳蛋、薄壳蛋。薄壳蛋的外表粗糙，一端常呈细颗粒状如砂纸样。蛋黄色淡，有时蛋白中混有血液、异物等，蛋白呈水样。产蛋下降通常发生于24～36周龄，产蛋率降低20%～30%，甚至50%。种蛋孵化率降低，出壳后弱雏增多，产蛋下降持续4～10周后一般可恢复正常。

## 四、剖检变化

此病无特征性病理变化，一般不引起死亡。有时可见卵巢静止不发育和输卵管萎缩，少数病例可见子宫水肿，腔内有白色渗出物或干酪样物，卵泡变性和出血。

## 五、诊断

根据流行特点、临床症状（产蛋率突然下降，异常蛋增多，尤其是褐壳蛋品种鸡在产蛋下降前一二天出现蛋壳褪色、变薄、变脆等）和病理变化可做出初步诊断。尚需进一步做病毒分离和血清学检查（主要是血凝抑制试验和琼脂扩散试验等）才能确诊。

## 六、防治

### （一）加强饲养管理

严禁购进该病毒污染的种蛋，做到鸡、鸭分开饲养。

### （二）免疫接种

产蛋下降综合征灭活疫苗在国内已广泛应用，效果很好。于开产前2～4周（110～120日龄）注射，整个产蛋周期内可得到较好的保护。

# 第十五节 传染性鼻炎

鸡传染性鼻炎是由副鸡禽杆菌（Infectious Coryza，IC；2005年以前称副鸡嗜血杆菌）引起的鸡的一种急性或亚急性呼吸道传染病。临床症状表现为眶下窦肿胀、流鼻汁、流泪，排绿色或白色粪便。

IC造成的最大经济损失是育成鸡生长不良和产蛋鸡产蛋明显下降（10%～40%）。美国加利福尼亚的一个蛋鸡场暴发IC，死亡率高达48%，三个星期之内产蛋率从75%下降到15.7%。

此病在发展中国家的鸡群中发生时，由于有其他病原和应激因子，所造成的经济损失明显高于发达国家。

## 一、病原

病原副鸡禽杆菌为革兰氏阴性的多形性小球杆菌，有A、B、C 3个血清型，各血清型之间无交叉保护，同一血清型不同分离株之间差异较大。该菌对热和消毒药敏感。

## 二、流行病学特点

传染性鼻炎发生于世界各地，多发生在秋季和冬季，是集约化养鸡中一个常见的问题。鸡是副鸡禽杆菌的自然宿主，火鸡、鸽子、麻雀、鸭子、乌鸦、家兔、豚鼠和小鼠对人工感染有抵抗力；慢性和表面健康的带菌鸡是感染的主要宿主。

任何年龄的鸡对副鸡禽杆菌都易感，但幼鸡一般不太严重。成年鸡，特别是产蛋鸡，感染副鸡禽杆菌后，潜伏期缩短，病程延长。传播方式以飞沫、尘埃经呼吸道传染为主，也可通过污染的饮水、饲料经消化道传播。该病可反复发生，与环境因素（如鸡群密度过大、通风不良、气候突变等）有关。

## 三、临床症状

潜伏期较短，人工感染 24 小时后可发病。病鸡表现为精神沉郁、缩颈、采食量明显减少。最明显的症状是鼻道和鼻窦的上呼吸道有浆液性或黏液性鼻分泌物流出、面部水肿和结膜炎，公鸡肉垂可出现明显肿胀（图 1–32、图 1–33；图片来源：张中直）。下呼吸道感染的鸡可听到啰音。病鸡可出现腹泻，采食和饮水下降，有的可见肉髯水肿。蛋鸡产量明显下降。

图 1–32　面部水肿

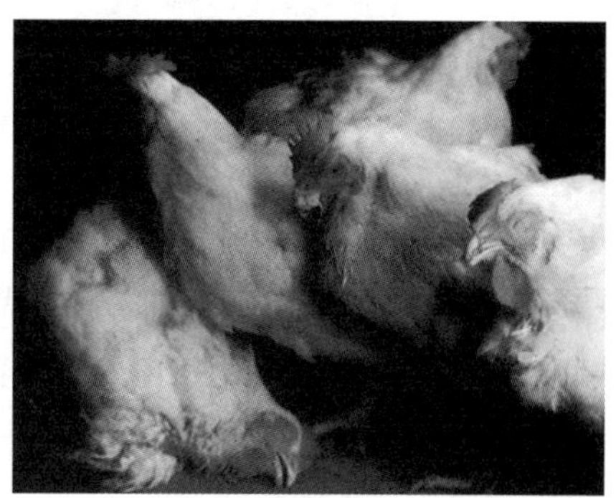

图 1–33　头、肉髯水肿

## 四、剖检变化

鼻腔和眶下窦黏膜充血肿胀，表面覆盖有浆液性分泌物；眼结膜充血、肿胀；有的鸡可见肉髯水肿（图 1–34；图片来源：www.ygsite.cn）。内脏器官一般无明显变化。

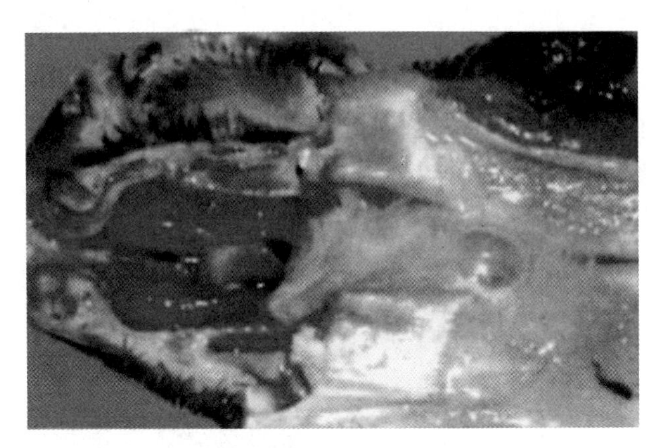

图 1-34　鼻黏膜充血水肿，鼻窦内有大量黏液

## 五、诊断

根据流行病学特点、临床症状及病理变化可对本病做出初步诊断，确诊需进行细菌分离、PCR 试验和血清学试验。

## 六、防治

### （一）加强饲养管理

消除外界不良因素，做好鸡舍内外环境的消毒等生物安全措施。

### （二）免疫接种

接种疫苗是预防传染性鼻炎的有效手段。可使用传染性鼻炎灭活苗（最好选用当地流行株研制的疫苗），推荐在鸡只 25 ～ 42 日龄进行首免，120 日龄进行第二次免疫。

### （三）治疗

此病可选用多种抗生素。可用青霉素、链霉素、红霉素等，有条件的鸡场应根据药敏试验选择抗菌素。

# 第十六节 念珠菌病

禽念珠菌病是由真菌引起的一种上消化道的疾病。

## 一、病原

此病的病原是一种酵母状的真菌，又称白色念珠菌。革兰氏阳性，但菌体着染不均匀。

## 二、流行病学

传染源：病禽和带菌禽为传染源，可由病禽的嗉囊、腺胃、肌胃、胆囊分离出念珠菌。

传播途径：主要是经消化道和呼吸道。

易感性：此病主要发生于鸡、鸽、鹅、火鸡、雉、珍珠鸡、鹌鹑、孔雀和鹦鹉等禽类，其中以鸡和鸽最为易感。人也可感染。

流行特征：因本菌在自然环境广泛分布，致病力弱，正常鸡群很少发病，一旦有舍内潮湿、通风不良、环境卫生差、不定期消毒、饲料营养配合不当、维生素和微量元素缺乏等因素，会导致禽群免疫功能下降，染上此病。长期不合理地在饲料中添加抗菌素，会抑制肠道正常菌群，但白色念珠菌不受抗菌素药物的抑制，乘虚而入，大量繁殖。

## 三、临床症状

精神不振，食欲减退，羽毛松乱，嗉囊膨大，用手触摸嗉囊外壁时感觉柔软松弛，用力挤压时常有酸臭的气体或内容物留出；病禽眼睑、口角有时可见痂皮样病变。特征性的病变是在口腔、舌面、咽喉黏膜出现颗粒状白色凸起的溃疡灶和易于剥离的干酪样坏死物及黄白色的假膜，形成干酪样的“鹅口疮”样病变。

## 四、剖检变化

剖检可见口腔、咽喉、食道、嗉囊及腺胃黏膜有颗粒状凸起的溃疡和易于剥离的坏死物，有白色、灰白色、黄色或褐色的假膜，撕开假膜可见有红色的溃疡出血灶。病变有时也扩展到肌胃角质膜及肠道内，有灰白色或红色的内容物。

## 五、诊断

根据剖检嗉囊黏膜出现溃疡病变，可做初步诊断。

毛滴虫病与念珠菌病在临床症状上极为相似且常常混合感染，此时取消化道黏膜上的干酪样物镜检即可鉴别。

## 六、防治

### （一）治疗

发病禽群可用制霉菌素进行治疗，按每千克饲料中加入制霉菌素100～150 mg，拌匀后连续饲喂1～3周。对个别病禽进行治疗时，可将口腔黏膜的假膜或坏死干酪样物刮除后用5%结晶紫或碘甘油涂搽；向嗉囊中灌入适量的2%硼酸溶液；乳鸽可将制霉菌素100万单位加入到20%甘油生理盐水100 ml中混匀喂服，每次1～3 ml，每日2次，连用5～7天。此外，在饮水中加入1∶3 000硫酸铜溶液或1∶10 000龙胆紫或1∶1 500碘溶液对本病有一定的治疗效果。

鸽的念珠菌病常与毛滴虫病混合感染，而且种鸽毛滴虫的带菌率很高，因此对种鸽应定期进行预防性投药，可用0.05%灭滴灵溶液，连续饮用5～7天为一个疗程，每年根据本场发病情况定期投药3～4次。

### （二）预防

念珠菌病与平时的饲养管理及环境卫生状况有密切关系，因此，在预防措施上应加强禽群的饲养管理水平，提高家禽自身的抗病能力。尽量避免长期大剂量使用广谱抗生素，控制好传染性法氏囊病等免疫抑制的传染病，避免应激，保持环境干燥，饲喂全价饲料，在饲料中合理添加脱霉剂，定期环境消毒。

# 第二章 鸡主要寄生虫病

## 第一节 鸡蛔虫病

鸡蛔虫病是由蛔虫寄生于鸡的小肠内引起的线虫病。常影响鸡的生长发育，甚至引起大批死亡，造成经济损失。

### 一、病原

虫体呈线状，粗大，黄白色，头端有三片大唇。雄虫长 2.6 ～ 7 cm，雌虫长 6.5 ～ 11 cm。

### 二、生活史

鸡蛔虫的发育方式是直接发育。虫卵随粪便排出，在适宜的温度、湿度条件下，经 17 ～ 18 天发育为感染性虫卵。鸡吞食了感染性虫卵污染的饲料或饮水后会感染此病。感染性虫卵在外界发育时间约为 10 天。从感染开始到发育为成虫需 35 ～ 50 天。成虫的寿命为 9 ～ 14 个月。

## 三、流行病学

3～4月龄的雏鸡易感。一年以上的成年鸡有一定的抵抗力，往往是带虫者。不同的品种的鸡易感性有差异，土种鸡比良种鸡抵抗力强；肉鸡比蛋鸡抵抗力强。饲料中缺乏维生素A和维生素B时，易被感染发病。

## 四、临床症状

鸡蛔虫对雏鸡的影响很大，雏鸡发病时有精神差，羽毛松散，翅下垂，鸡冠肉髯发白，大量幼虫进入十二指肠黏膜时可引起急性出血性肠炎（图1–35）。严重时衰弱死亡。常见的慢性症状为消瘦，精神沉郁，生长发育阻滞和产卵力降低等，有时造成肠道堵塞。成年鸡一般不表现症状，产蛋鸡可影响产蛋率。

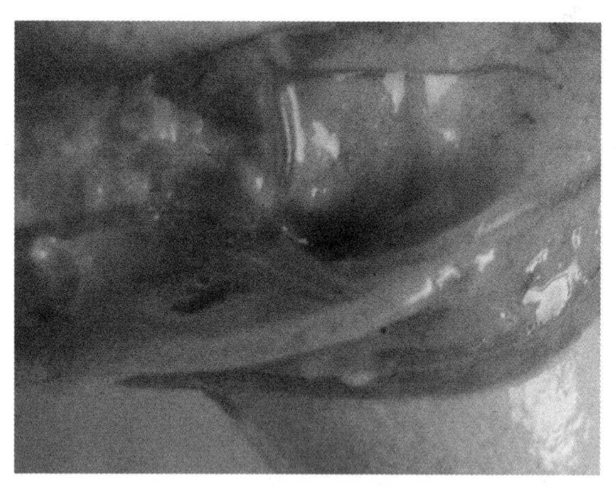

图1–35　寄生在小肠内的蛔虫

## 五、诊断

尸体解剖可见小肠有虫体，粪便用饱和盐水漂浮法检查虫卵。

## 六、防治

### （一）预防措施

①改善环境卫生，粪便堆积发酵，利用生物热杀死虫卵。

②鸡群定期驱虫，每年可进行 1 ～ 2 次。

③雏鸡与成年鸡分群饲养，病鸡及时治疗。

### （二）治疗

①枸橼酸哌嗪（驱蛔灵）每千克体重 0.15 ～ 0.20 g，一次投服。

②驱虫净（四咪唑）每千克体重 40 ～ 60 mg，一次投服。

③噻苯唑每千克体重 0.5 g，混入饲料中喂服。

④左咪唑每千克体重 20 mg，对成虫及未成熟虫体有极好的驱虫效果。

# 第二节 鸡球虫病

鸡球虫病是鸡球虫寄生于鸡肠道黏膜上皮细胞内引起的一种鸡寄生虫病。鸡球虫非常小，在显微镜下才能看到。该病是一种在养禽业常见的、且危害十分严重的疫病。两个月龄内的雏鸡发病率及死亡率很高，病愈的雏鸡，生长发育受阻。成年鸡多为带虫者，生产性能受到很大影响。

## 一、病原

鸡球虫病原为艾美耳球虫，目前，世界上公认的有 7 个种。即柔嫩艾美耳球虫、毒害艾美耳球虫、堆型艾美耳球虫、巨型艾美耳球虫和缓艾美耳球虫、基前艾美耳球虫和布氏艾美耳球虫，在我国均有发现。其中，柔嫩艾美耳球虫寄生于盲肠，故称盲肠球虫，致病作用最强，是雏鸡球虫的主要病原；另 6 种均寄生于小肠，故称小肠球虫。各种球虫往往混合感染。

## 二、流行病学

传染源：病鸡、带虫鸡为传染源。

传播途径：鸡经采食，而吞食被球虫卵囊污染的饲料和饮水而感染。

易感宿主：本病 3 ～ 6 周龄的雏鸡最易感。成年鸡感染后常不发病，多成为带虫者并成为传染源。

流行特点：发病时间通常在炎热多雨的季节。我国南方，3—11 月份为流行季节，以 3—5 月份最为严重；北方地区，4—9 月份为流行季节，以 7—8 月份雨季最为严重。拥挤潮湿、卫生条件差、饲养管理不善、营养缺乏的鸡群，最易造成鸡球虫病的流行。

## 三、临床症状

急性发病的鸡，主要由柔嫩艾美耳球虫引起，即盲肠球虫。病程数天到 2 ～ 3 周，多见于雏鸡。病初雏鸡精神沉郁，羽毛蓬松，缩颈呆立一旁，食欲减退，泄殖腔周围的羽毛被稀粪粘连。病鸡运动失调，翅膀下垂，鸡冠、髯及可视黏膜苍白，渴欲增加，嗉囊内充满液体，不食。排水样稀便，带血。病后期雏鸡昏迷或抽风，不久死亡。雏鸡死亡率可达 50% 以上。甚至全群覆灭。日龄较大的雏鸡或成年鸡，症状较轻或不明显，表现为慢性，病程可以数周到数月，有间歇性下痢，病鸡逐渐消瘦，产蛋量减少，死亡率较低。

## 四、剖检变化

急性型病例解剖变化主要发生在盲肠和小肠中段，两侧盲肠或小肠中段高度肿胀，肠壁增厚，肠内容物含有血液、血凝块或脱落的黏膜。在盲肠有坏死溃疡病灶。

## 五、诊断

与盲肠肝炎区别在于盲肠肝炎有菊花样病灶，球虫病肝无此变化。

与鸡霍乱区别在于小肠球虫肠变化易与霍乱肠炎相混，但无心脏出血，肝小点坏死灶等败血症变化。

## 六、防治

### （一）治疗

①磺胺间甲氧嘧啶按饲料量的 0.5% 投服，每天一次，连用 3 天，停 2 天，再用 3 天，治疗效果好。

②妥曲珠利（百球清）2.5% 溶液，按 0.002 5% 混入饮水。

③氨丙啉按 0.012 5% 混入饲料。

④盐霉素按用量 0.005%～0.01% 混入饲料。

⑤莫能菌素按 0.01%～0.012% 混入饲料。

### （二）预防

①成年鸡和雏鸡分开饲养。

②接种球虫疫苗。

# 第三节 羽　虱

寄生于禽类的虱称为羽虱，是家禽常见的一种体表性、永久性寄生虫。

## 一、病原

羽虱形体很小，长只有 1 ～ 2 mm。淡黄色或灰色，虫体呈扁平状。鸡虱发育呈不完全变态。其全部发育都在禽体表上进行。它的发育过程包括卵、若虫和成虫 3 个阶段。

## 二、流行特点

虱的传播主要是通过鸡与鸡的直接接触，或通过鸡舍、饲养用具和垫料等间接传染。羽虱离开宿主仅能存活 3 ～ 4 天，日光照射和高温能使羽虱很快死亡，因此冬季较为严重。

## 三、危害

羽虱以鸡的羽毛和皮屑为食，使鸡群发生奇痒和不安。有时也吞食皮肤损伤部位的血液。寄生数量多时，病鸡瘦弱，羽毛脱落，生长发育阻滞和生产力降低，雏鸡甚至引起死亡。

## 四、诊断

在鸡体表发现虱或虱卵即可确诊。

## 五、防治

溴氰菊酯：按 0.002 5% ～ 0.01% 药液浓度喷雾或浸浴，具有 100% 的杀灭效果。

20% 氰戊菊酯乳油：按 0.02% ～ 0.04% 药液浓度喷雾。

伊维菌素：皮下或肌肉注射，用量按使用说明书。

# 第四节 鸡刺皮螨

鸡刺皮螨又称红螨，是一种最常见的体外寄生虫。

## 一、病原

鸡刺皮螨虫体呈椭圆形，有4对足，均着生在躯体的前半部。饱血后体长可达1.5 mm，呈黯红色。螯肢细长似针，以此刺破皮肤吸取血液。

## 二、生活史

螨虫的发育约需7天完成，包括卵、幼虫、若虫、成虫4个阶段。雌虫在饱血后12～24小时产卵在禽体周围，夏季时经48～72小时孵出第一期幼虫。第一期幼虫不吸血，再经24～48小时蜕皮变为第二期幼虫，第二期幼虫吸血后变为成虫。

## 三、致病作用

刺皮螨通常在夜间爬到鸡体上吸血，白天隐匿在鸡巢中。大量寄生时，病鸡可发生贫血，产蛋量下降。幼龄鸡由于失血过多，可导致死亡。

## 四、诊断

根据流行病学与临床症状进行初步诊断，在鸡体表发现螨或鸡栖架见到虫体即可确诊。

## 五、防治

溴氰菊酯：按0.005%药液浓度喷雾鸡体、鸡舍、栖架。或用溴氰菊酯以高压喷雾法喷湿鸡体体表进行杀虫，同时用每千克饲料加1 mg阿维菌素拌料饲喂，每周2次，至少连用2周。更换垫料并烧毁。当鸡群全部淘汰时要对鸡舍及所有用具进行彻底清洗消毒。

# 第五节 鸡绦虫病

鸡绦虫病是由鸡绦虫寄生于小肠内所引起的疾病。

## 一、病原

绦虫种类很多，最常见的病原体有四角赖利绦虫、棘沟赖利绦虫、有轮赖利绦虫和节片戴文绦虫。以上4种绦虫都寄生于鸡的小肠中。绦虫是一种白色的带状、扁平分节虫，大的长25 cm以上，小的只有0.5～3 cm，头节上有吸盘和钩子。

## 二、流行病学特点

此病在全世界流行，凡是养鸡的地方，均有这3种赖利绦虫存在。这可能与中间宿主——蚂蚁和甲虫分布面极广有密切关系。放养的鸡群易感染。各种年龄的鸡均可感染此病，雏鸡的易感性更强，25～40日龄的雏鸡感染后发病率和死亡率最高。被病鸡污染的鸡舍和运动场常是绦虫病的传染来源。赖利绦虫的孕节片排到外界后能在粪便表面缓慢地蠕行，有利于和中间宿主接触。

## 三、临床症状

轻度感染时鸡群症状不明显。感染严重时，病鸡消化障碍，粪便常稀薄或混有血样黏液，有时发生便秘。渴欲增加，消瘦，两翼下垂，被毛逆立，严重者出现鸡冠和肉髯苍白。个别还有神经症状。常见有雏鸡因体弱或继发病而死亡。蛋鸡产蛋量明显下降或停产，最后极度衰竭而死亡。

## 四、剖检变化

病死鸡剖检，可见肠黏膜增厚、出血。肠壁有结节和炎症，病鸡肠道内可找到绦虫的成虫。

## 五、诊断

在鸡粪中检出绦虫虫体或节片，可作出诊断。

## 六、防治

### （一）预防措施

①改善鸡舍环境卫生，保持鸡舍和运动场干燥，及时清理粪便并进行无害化处理。

②定期杀灭鸡舍内外蚂蚁和其他昆虫。

③幼鸡和成鸡分开饲养，定期驱虫。

④新引入的鸡应先驱虫再合群饲养。

### （二）治疗

丙硫苯咪唑按每千克体重 15 ～ 20 mg 拌入饲料中一次喂服。

硫双二氯酚按每千克体重 100 ～ 200 mg 混入饲料中喂服，4 天后再服一次。

灭绦灵（氯硝柳胺）按每千克体重 50 ～ 60 mg 混入饲料中喂服。

吡喹酮按每千克体重 10 ～ 15 mg 一次口服。

# 第六节 鸡住白细胞原虫病

此病是由住白细胞原虫寄生于鸡的血液细胞和内脏器官组织细胞内引起的一种能引起鸡贫血和产蛋率降低。

## 一、病原

在我国发现的鸡住细胞原虫有两种：卡氏住白细胞原虫和沙氏住白细胞原虫。虫体在鸡体内主要有裂殖体与配子体两个发育阶段，前者寄生在鸡的内脏器官组织细胞内，后者寄生在鸡的白细胞（主要是单核细胞）和红细胞内。住白细胞原虫的传播需要吸血昆虫作为传播媒介，卡氏住白细胞原虫的传播者为蠓，沙氏住白细胞原虫为蚋。

## 二、流行特点

此病的流行具有明显的季节性，与各地吸血昆虫蚋和蠓活动季节相一致。

## 三、临床症状

自然潜伏期为 6 ～ 10 天。雏鸡的症状明显，发病率与死亡率高。病初发高烧，食欲不振，精精沉郁，下痢，粪呈绿色。贫血严重，鸡冠和垂肉苍白。生长发育受阻，两翅下垂。病程一般约数日，严重者因咯血、出血、呼吸困难而突然死亡。中鸡和成年鸡感染后病情较轻，中鸡发育受阻，成年鸡产蛋率下降，甚至停产。

## 四、剖检变化

死亡病鸡剖检时的特征为口流鲜血，白冠，全身消瘦，血液稀薄，肝脾肿大，全身性出血。肠黏膜上有时有溃疡，肌肉及某些脏器上有白色小结节。

## 五、诊断

根据发病季节，症状及剖检特征可做出初步诊断。可从病鸡的血液涂片及脏器（肺、肾、肝等）的抹片中找到虫体即可确诊。

## 六、防治

### （一）预防

在流行季节，对鸡舍内外，每隔 6 ～ 7 天喷洒敌虫菊酯、蝇毒磷乳剂，以防蚋和蠓的侵袭。

### （二）治疗

①磺胺二甲氧嘧啶按 0.002 5% ～ 0.007 5% 混于饲料或饮水。

②息疟定（乙胺嘧啶）按 0.000 1% 混于饲料中。

③磺胺喹恶啉按 0.005% 混于饲料和饮水中。

# 第三章 鸡营养缺乏病

## 第一节 维生素 A 缺乏症

维生素 A 是一种脂溶性维生素。维生素 A 是家禽生长、视觉黏膜的完整性、呼吸道及上部消化道上皮层所需要的物质，在机体内可由胡萝卜素合成维生素 A。所以，胡萝卜素又称维生素 A 原。胡萝卜素要借助存在于肝脏和肠壁内的胡萝卜素酶的作用下合成维生素 A。

雏鸡和刚产蛋的新母鸡发生维生素 A 缺乏症，多是因饲料中缺乏维生素 A 引起的。饲养的条件不好，运动不足，缺乏矿物质以及胃肠道疾病等因素促使发病。

### 一、临床症状

雏鸡出壳后一周左右出现临床症状，与母鸡缺维生素 A 有关。雏鸡缺乏维生素 A 一般在 6 ～ 7 周出现临床症状。主要表现为生长停滞、精神委顿、衰弱、运动失调、体重减轻、羽毛松乱；喙和脚趾部黄色素消失；流眼泪，眼睑内有干酪样物质沉积。如发病后饲料未及时添加维生素 A，病鸡的死亡率可达 100%。

成年鸡维生素 A 缺乏时大多数为慢性经过，通常在 2 ～ 5 个月内出现临床症状，主要表现呼吸道和消化道的黏膜抵抗力降低，易感染传染病，精神不振，食欲不佳，生长停滞，贫血，体重减轻，羽毛粗乱，步态不稳，两肢无力，往往用尾支地，趾爪蜷缩，冠髯苍白。产蛋量明显下降，所产蛋的出壳率下降。甚至卵巢上卵泡发育不健全，影响排卵。公鸡性能降低，精液品质退化等。特征性的病状是病鸡眼中流出水样的分泌物，上下眼睑被分泌物黏合在一起，严重时，眼内蓄积有干酪样的物质，角膜发生软化和穿孔，最后造成失明。鼻孔中也有一种黏稠鼻液流出，造成呼吸困难。口腔和食道的黏膜上有白色小结节，或覆盖有一层灰白色干酪样的物质，易脱落（有些同白喉型鸡痘的假膜相似）或脓疱。母鸡饲料中维生素 A 缺乏或不足时，母鸡卵内血斑严重程度增加。

青年鸡在维生素 A 缺乏时，可引起软骨细胞生长显著的迟缓或抑制，当饲喂维生素 A 过量时，则关节软骨发育加速。

## 二、剖检变化

消化道黏膜肿胀，原来上皮细胞被鳞状细胞所代替有退行性变化。鼻腔、口腔、食道和咽有白色的小脓疱，并可蔓延到嗉囊。随后，黏膜上形成小溃疡。

雏鸡则因肾损伤，肾有尿酸盐沉着，肾灰白，并有纤细白线状的网，肾和输尿管内有一种白色尿酸盐沉淀物，输尿管有时极度扩大。重者心脏、肝、脾均有尿酸盐沉着。呼吸道黏膜被一层鳞状角化上皮代替，呼吸器官的腺体发生萎缩或变性。鼻腔内充满水样分泌物，液体进入鼻窦后；导致一侧或两侧的颜面肿胀，泪管阻塞，眼球受压。喉和气管均有病变，黏膜上均有小的结节样的颗粒。

## 三、预防与治疗

主要是注意饲料配合，日粮中应补充富含维生素 A 和胡萝卜素饲料，如鱼肝油、胡萝卜、三叶草、玉米、菠菜、南瓜、苜蓿等。对发病的成年母鸡、病鸡喂服鱼肝油。眼部病变用 3% 的硼酸溶液冲洗，效果良好。由于维生素 A 吸收很快，因此，在未发展严重时，进行维生素 A 补充饲喂。

# 第二节 维生素 B 族缺乏症

维生素 B 是一种复杂的维生素群，现已确定的已有十几种。其中，最重要的有维生素 $B_1$、维生素 $B_2$、尼克酸、泛酸、维生素 $B_{12}$ 等几种。这类维生素都属于水溶性维生素。家禽必须依靠饲料供应维生素 B 族，否则，易发生维生素 B 族缺乏症。维生素 B 族缺乏时大多是综合发生，单独发生的较少。

## 一、维生素 $B_1$ 缺乏症

维生素 $B_1$ 是一种水溶性维生素，又叫硫胺素，易溶于水，微溶于乙醇，不溶于醚和氯仿。是家禽碳水化合物代谢所需要的物质，在体内硫胺素成为酶的一个重要部分，维生素 $B_1$ 在碱性的环境中容易被破坏。谷粒及其加工产品、黄豆粉、棉籽粉、花生粉和苜蓿粉，均含相当丰富的硫胺素。

### （一）临床症状

雏鸡发生较突然，成鸡发生较慢。在饲喂缺乏维生素 $B_1$ 的饲料时，雏鸡可在2周龄前发生，成鸡可在8周龄时出现临床症状。病鸡生长不良，食欲减退，体重减轻，羽毛松乱，并缺乏光泽，腿无力，严重贫血和下痢；成鸡的鸡冠呈蓝色。特征为外周神经发生麻痹或发生多发性神经炎。病鸡出现麻痹或痉挛的症状。在病程初期趾的屈肌发生麻痹，然后向上蔓延到腿、翅、颈的伸肌发生痉挛，头向背后极度的弯曲，呈现所谓“观星”姿势。个别鸡发生进行性的瘫痪，倒地不起。

### （二）剖检变化

胃、肠有炎症，十二指肠溃疡和萎缩。右侧心脏扩张，心房较心室明显。雏鸡皮肤发生水肿，肾上腺肥大，母鸡比公鸡更明显。

### （三）预防与治疗

适当饲喂富含维生素 $B_1$ 的各种谷类、麸皮、酵母、新鲜的青绿饲料等，可防治维生素 $B_1$ 的缺乏症。严重不吃食的病鸡可直接注射硫胺素。同时，在饲料中补充大量的青饲料，以控制病情。

## 二、维生素 $B_2$（核黄素）缺乏症

维生素 $B_2$ 是一种水溶性维生素，易被光线破坏，特别是在碱性环境中更易被破坏。核黄素是黄素酶的组成部分，而黄素酶具有脱氢和氧化的特殊作用，调节细胞的生物学氧化过程，是家禽生长、发育所必需的物质。

### （一）临床症状

雏鸡缺乏维生素 $B_2$ 的特征性病状是趾爪向内蜷缩，两腿发生瘫痪，以飞节着地，翅展开以维持身体平衡。各种活动用飞节着地。腿部肌肉萎缩或松弛，皮肤干而粗糙。生长缓慢，消瘦。食欲良好，但因走路不便，往往吃不到食物。羽毛粗乱，没有光泽，绒毛很少，贫血，严重时可发生下痢。成年鸡的产蛋率及孵化率显著下降，并且蛋白稀薄。青年雏鸡在病程后期，以腿铺地而卧，不能移动。

### （二）剖检变化

胃肠道的黏膜萎缩，肠壁变薄，肠道里有大量的泡沫状内容物。有些病例可见胸腺充血和成熟前期萎缩；肝脏增大和脂肪量增多。羽毛脱落，卷曲。重症的病鸡，坐骨神经和臂神经显著肥大和柔软，尤其坐骨神经变化更明显，其直径比正常大 4 ～ 5 倍。

### （三）预防与治疗

在饲料中加喂含维生素 $B_2$ 较多的酵母、脱脂乳、谷类、新鲜青绿饲料（苜蓿）。并可用盐酸核黄素进行治疗。出壳率降低时，母鸡饲喂核黄素，蛋的出壳率渐恢复正常。但趾足蜷曲、坐骨神经损伤等神经症状的病鸡，则治疗无效。

## 三、维生素 $B_{12}$ 缺乏症

维生素 $B_{12}$ 是一种水溶性物，又叫氰酸钴维生素。在家禽的营养中起很大作用，是维持家禽生长和健康所必需的物质。能够促进胃肠道中蛋白质的吸收，并参与碳水化合物和脂肪代谢以及身体的细胞形成。维生素 $B_{12}$ 与血液形成有密切关系，注入维生素 $B_{12}$，能引起血液细胞加速成熟。相反，当缺乏这种维生素时，骨髓中血液细胞的成熟和排出都受影响。维生素 $B_{12}$ 在消化道被吸收时，必须有胃幽门部形成的氨基多肽酶的存在。这种酶的活性降低，就影响维生素 $B_{12}$ 的吸收过程。因此，用维生素 $B_{12}$ 治疗恶性贫血症，只有直接注射才有疗效，口服维生素 $B_{12}$ 不发生作用。

### （一）临床症状

缺乏维生素 $B_{12}$，雏鸡发育迟缓，呈贫血症状。食欲不佳，以致死亡。成年鸡并无特殊症状只表现产蛋量下降，蛋体小而轻，蛋壳陈旧，孵化率降低，孵化后期发生死亡。孵出幼雏死亡率高。引起身体的造血机能发生严重障碍。

### （二）预防与治疗

病鸡肌肉注射维生素 $B_{12}$ 制剂每只 0.002 mg，可提高孵化率。维生素 $B_{12}$ 最好的来源是补充鱼粉、肉屑、肝粉和酵母等。喂给氯化钴，家禽也可将这种无机钴合成为维生素 $B_{12}$。

## 第三节 维生素 E 缺乏症

维生素 E 是几种已知的生育酚的总称。是一种脂溶性维生素。

### 一、临床症状

雏鸡维生素 E 缺乏症可发生脑软化渗出性素质和雏鸡的肌营养性不良。尤其是 2 ～ 4 周龄的雏鸡，当饲料中缺乏维生素 E 时，常发生“脑软化病”（又称为“幼鸡衰弱病”）。表现共济失调，头向下或向后弯缩，两腿发生痉挛性抽搐，有时有侧方扭转或向前冲，行走不便，最后不能站立，精神委靡，出血后不凝固，最后完全衰弱而死亡，但有时翅和腿并不完全发生麻痹。雏鸡呈现肌营养不良，特别是胸肌的肌纤维呈现淡色条纹。严重病例伴有毛细血管的通透性异常的皮下组织水肿，穿刺皮肤时可见到一种蓝绿色的液体，这种液体的发生是由于雏鸡的胸部、腿部和肠壁普遍发生小的出血而致。种鸡缺乏维生素 E 后，仍可下蛋，但孵化率显著下降，公鸡缺乏维生素 E 后，精液里的精子减少，睾丸发生退行性变化，繁殖机能减退。

### 二、剖检变化

主要表现脑柔软、脑膜水肿，并有散状出血点。小脑坏死呈灰白色，肿胀而湿润，1 ～ 2 天坏死区呈黄绿色混浊样。

### 三、预防与治疗

如发病不太严重，每只鸡喂服维生素 E 300 国际单位，即可见效。植物油富有含维生素 E，在饲料中混有 0.5% 的植物油，也可得到治疗的效果。注意饲料配合，多喂些新鲜的青绿饲料、谷类等可达到预防的目的。

## 第四节 维生素 D 缺乏症

维生素 D 是若干脂溶性固醇衍生物的一般名称。对禽有影响的主要是维生素 $D_3$，任何年龄的鸡对维生素 $D_3$ 的需要都很重要。维生素 D 具有调节钙磷代谢作用。作用之一是促进钙的吸收，对骨组织中的沉钙也有直接的促进作用。雏鸡缺乏维生素 $D_3$，就会发生佝偻病。

### 一、临床症状

雏鸡缺乏维生素 $D_3$，最早在 10 ～ 11 天就显出症状，一般是在一个月左右发生。发生时间的早与迟，主要是看雏禽饲料中维生素 D 与钙质的缺乏程度，以及种蛋内维生素 D 与钙的贮藏量多少而定。雏鸡的最初症状是腿部无力，喙和爪软而易曲，走路不稳，以飞节着地，生长缓慢或完全停止。骨骼变的柔软或肿大，特别显著的是肋骨，在肋骨和肋软骨连接处明显的肿大，并形成圆形的结节。荐椎和尾椎向下弯曲，长骨质地变脆易骨折，胸骨侧弯，胸廓正中急性内陷，使胸腔变小。有的还出现下痢现象。种母鸡缺乏维生素 $D_3$ 以后 2 ～ 3 个月开始出现症状。早期薄壳蛋和软蛋数量增加，随后产蛋量下降，孵化率降低，最后产蛋完全停止。喙、爪、龙骨变软，胸骨和椎骨接合处内陷，所有肋骨沿胸廓呈现内弧形的特征。后期长骨易骨折，关节肿大。

## 二、病理剖检

雏鸡和青年鸡肋骨和脊柱连接处呈链球状，长骨的骨骼部分钙化不良。成年母鸡的病理变化是，骨软而易碎，肋骨内侧表面有小球状的突起。

## 三、预防与治疗

雏鸡发生维生素 $D_3$ 缺乏时，每次可喂服 2 ～ 3 滴鱼肝油，每日 3 次，可根据病情决定用药时间。日粮中补充维生素 $D_3$ 可达预防目的。

# 第五节 硒缺乏症

硒是鸡、火鸡的必需元素，是组成谷胱甘肽过氧化物酶的完整化合物。一些地区土壤中硒含量有多有少，配制饲料时必须测量饲料原粮中硒的含量。

硒能防止雏鸡发生渗出性素质，还可破坏过氧化物，维生素 E 和硒对防止渗出性素质有着相互补充作用。同时保持血清中的维生素 E 的含量。

鸡严重缺硒时，可发生白肌病，胰脏退行变性、纤维化，最后死亡。对于严重缺硒的雏鸡在饲料中添加 0.1 mg/kg 硒，病鸡可恢复正常。特别要引起注意的是存放的饲料勿受热，防止维生素 E 和含硒酶被破坏。

# 第六节 水缺乏症

水是机体内很重要的必需无机化合物，是血液，细胞间质和细胞内的体液主要成分。雏鸡缺水时可发生肾病、红细胞增多症，腿周围的皮肤干枯、脱水，肌胃内层变松软或呈糊状。成年鸡缺水时则发生卵巢坏死、腺胃发炎、肾病、蛋变小、无蛋壳或完全停产。

鸡每次饮水量少，所以要不断地供水。在严冬季节，饮水不能过冷，冷水要加温后再饮，否则会使产蛋减少。

# 第四章 鸡内科病

## 第一节 鸡痛风症

鸡痛风症也称尿酸盐沉积症，是由于鸡体内蛋白质新陈代谢障碍引起机体大量尿酸盐沉积为特征的一种代谢障碍病。在鸡的内脏中、关节中或内脏和关节均有尿酸盐沉积，可分为内脏型痛风、关节型痛风和混合型痛风。

### 一、病因

本病发生的原因较为复杂，包括饲料原因、饲养管理、遗传因素、疾病、中毒等因素。

饲料原因：大量饲喂富含蛋白质的饲料，如动物内脏、鱼粉、肉骨粉等，是造成鸡痛风的主要原因。由于蛋白质代谢产生尿酸，若血液中尿酸浓度升高，经肾脏排出，肾的负担加重，时间一长会损害肾功能，易发生功能性、变质性或者炎性的肾脏疾病，造成尿酸排泄受阻，在体内形成尿酸盐，沉积于肾脏、输尿管、内脏等器官，引起痛风。另外，饲料中钙磷比例不当或含量过高，造成高钙或低磷也可引起痛风。维生素 A 缺乏能引起内脏型痛风。

饲养管理因素：如果饮水不足，使机体呈脱水状态，尿液浓缩，会出现尿酸盐沉积。笼养鸡饲养密度过大，运动量小，同时喂高能量饲料，易诱发痛风。长途运输引起机体出现应激反应，机体代谢紊乱，又不能充足饮水，常发生尿酸盐沉积。

疾病因素：如鸡肾型传染性支气管炎、鸡传染性法氏囊病、鸡白痢、鸡球虫病等能引起肾脏功能障碍，导致尿酸盐排泄不畅沉积于体内，造成痛风。

中毒性因素：各种能引起肾脏损伤的化学毒物和药物，如铅、钴、丙酮等化学物质和磺胺类药物、庆大霉素、喹诺酮类等药物，特别是饲喂污染霉菌毒素的饲料可引起尿酸盐沉积。另外，尿素中毒、摄入过量食盐也导致尿酸盐沉积。

## 二、流行病学

鸡、鸭均可发病，各种品系、不同日龄的鸡都可发生痛风，由于大量饲喂富含蛋白质饲料造成痛风最为常见。本病发生无明显季节性，但天气湿热、气候多变季节更易发生。

## 三、临床症状

按尿酸盐在体内沉积的部位不同，痛风可分为内脏型和关节型两种，有时两者可同时发生。

内脏型痛风：病鸡表现全身性营养障碍，食欲不振，逐渐消瘦，肉冠苍白，羽毛松乱。排出白色半液体状稀粪，其中，含有多量的尿，肛门松弛，收缩无力，泄殖腔下部的羽毛被污染。有的病鸡无明显症状而突然死亡。母鸡产蛋减少甚至停产。

关节型痛风：表现为食欲下降，生长迟缓，羽毛松乱，消瘦，贫血和虚弱。病鸡行走困难，后期卧地不起。两肢关节发生变化，病初发生软而痛的、界限多不明显的肿胀和跛行；后期形成硬而轮廓明显的、尖或可以移动的结节，导致关节和足趾显著变形，使肢体的运动受到限制（图 1–36；图片来源：张中直）。

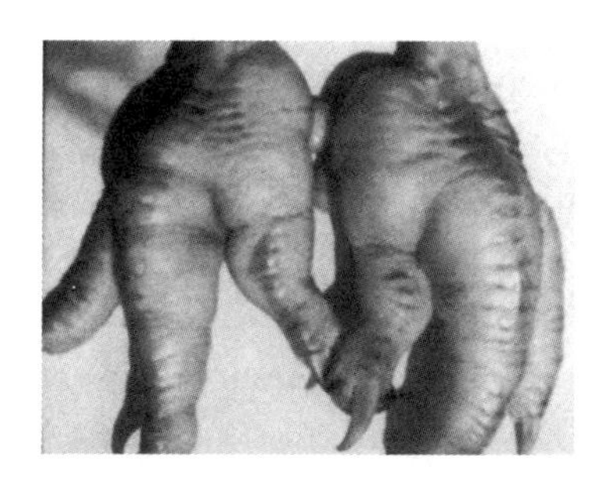

图 1–36　关节显著变形

## 四、剖检变化

内脏型痛风：肾脏肿大，色泽变淡，表面有尿酸盐沉着所形成的白色小点；输尿管变粗、质硬，管腔被白色尿酸盐所阻塞；在肝、心、脾、气囊、肺、肠系膜、腹膜等组织器官的表面覆盖着一层粉末状或薄片状的尿酸盐沉着物。尿酸盐沉积物镜检可见大量针尖状尿酸盐结晶。病鸡血清中尿酸含量升高。图 1–37 为感冒通中毒引起的内脏型痛风，心脏表面有一层白色的尿酸盐沉积。图 1–38 为高钙饲料引起的内脏型痛风，肾脏肿大，输尿管内有尿酸结石。

图 1–37　心脏表面尿酸盐沉积

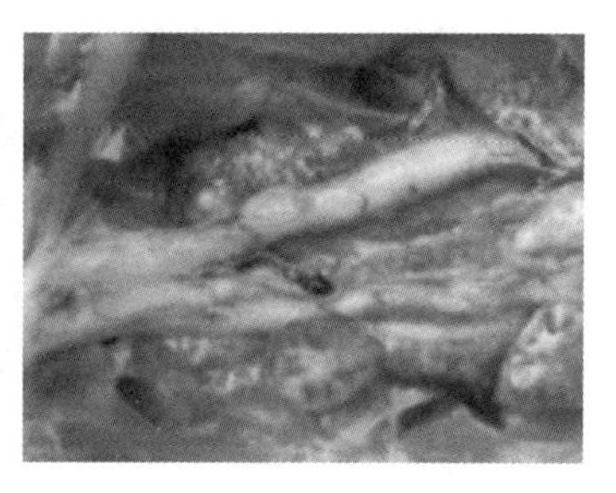

图 1–38　输尿管内的尿酸结石

关节型痛风：剖检时可见关节表面和关节周围组织中有白色尿酸盐沉着，呈白色黏稠液体，或呈结石样沉积，严重时关节表面糜烂、组织坏死。常可见到肾脏和输尿管中也有尿酸盐沉积。

## 五、诊断

根据此病的临床症状和剖检变化，可初步诊断。通过实验室化验，鸡血清中尿酸水平明显高于正常值范围时即可确诊为痛风。

## 六、防治

### （一）预防措施

防止给鸡饲喂过量的蛋白质饲料（特别是动物性蛋白质饲料），供给充足的新鲜青绿饲料和饮水，饲料中补充丰富的维生素（特别是维生素A），钙磷比例要适当，饲料要严防霉菌毒素污染，储存在干燥的条件下。鸡群应给予充分的室外运动。此外，鸡痛风症的发生与肾机能障碍有密切关系，因为肾脏机能障碍能引起尿酸在血液中蓄积，并与钠离子形成多量的尿酸钠，所以平时要注意防止影响肾脏机能的各种因素，例如磺胺类和碳酸氢钠等药物在使用时要防止过量，加强饲养管理，鸡舍光照和密度合理，积极预防和治疗影响肾功能的各种疾病。

### （二）治疗方法

对于发病鸡群，应分析和去除病因，同时采取对症治疗，解决肾脏机能障碍的问题。若饲料中蛋白质含量过高而引起痛风，应立即调整饲料配方，降低蛋白质含量。在饮水中加入0.05%的碘化钾，连饮3～5天。或取车前草1 kg煎汁后，用凉开水稀释在15 kg，供鸡饮水。治疗药物可选用增强尿酸排泄的药物，如用阿托品，每只鸡0.5～1.5 g，每天2次口服，连用3～5天。也可使用肾肿解毒药以0.2%浓度溶于饮水中，供鸡饮用，连用3～5天。嘌呤醇可减少尿酸的形成，每只鸡口服

10 ～ 30 mg，每天 2 次，可起到一定疗效。重症鸡只可用磺胺素注射液，每只肌肉注射 4 mg，每天 1 次，连用 3 ～ 5 天。对于继发性痛风，应积极治疗原发病。此病愈后易复发，在控制死亡后，还应定期用药物预防，才能更好地控制本病。

## 第二节 肉鸡腹水综合征

肉鸡腹水综合征又称“心衰综合征”、“肺高压综合征”，是以明显腹水、右心室（房）肥大扩张、肺淤血水肿、肝脏肿大及全身性出血为特征的一种综合征，是发生于幼龄肉鸡的一种常见疾病，对快速生长的幼龄肉鸡危害巨大。

### 一、病因

此病的发病原因错综复杂，概括起来主要有以下几个方面。

快大型鸡的品种品系等先天性因素：如有些品种的鸡生长发育非常快，快速生长要求高的代谢率，机体对能量及氧的需求量很高，机体发育快于心脏和肺脏的发育，使红细胞不能在毛细血管内自由通畅地流动，影响了肺部的血液循环，导致肺动脉高压进而引起腹水综合征。

饲养管理因素：由于鸡舍饲养密度大，通风换气不良，鸡舍内二氧化碳、氨气和尘埃浓度升高，空气中氧含量减少，导致机体慢性缺氧，红细胞携氧和营养运送的能力无法满足机体需要，引起肺脏、心脏、肝脏损伤，诱发腹水综合征。

营养因素：如饲喂高能量饲料、颗粒饲料、饲料配合不当、营养缺乏或过剩等因素都可能诱发腹水征。

自然环境因素：海拔高的地区，空气稀薄，含氧量不足造成腹水征增多。天气寒冷时，由于保温的需要，鸡舍门窗紧闭，通风换气不足使新鲜空气供应不足，而肉鸡生长速度快，代谢旺盛，空气中氧气含量不能满足机体正常生理需要，导致鸡只呼吸次数增加，代偿性地使心跳加快，时间一长会使心肺功能减弱，血液循环障碍，导致全身性淤血特别是肝脏淤血，渗出水分增多，造成腹水滞留。

中毒因素：饲料中毒、食盐中毒、痢特灵中毒、乙烷以及植物毒素中毒等直接损害肝脏，引起病变，导致腹水滞留增加。

疾病因素：一些侵害呼吸道的传染病，如传染性支气管炎病和大肠杆菌病等，也可以诱发此病。

## 二、流行病学

鸡、鸭均可发病，但以肉鸡尤其是增重速度快的肉仔鸡更易发生此病。有报道 3 日龄即可以发病，2 ～ 3 周龄的肉鸡易感性较高，常在快速生长的 4 ～ 7 周龄出现死亡高峰期。发病率和死亡率则因不同地区、不同季节和不同品系而异，发病率一般为 10% ～ 30%，最高可达 75%，死亡率为 10% ～ 20%，最高可达 50%。公鸡发病率高于母鸡，可占发病鸡的 70% 左右。此病的发生有较明显的季节性，以气候寒冷的季节多发。

## 三、临床症状

病鸡生长迟缓，精神沉郁，食欲废绝或减退，羽毛松乱，两翼下垂；鸡冠和肉髯发绀或苍白皱缩；腹部膨大着地呈企鹅状，常躺卧不愿站立；体温正常，呼吸急促困难，心跳加快。严重病例鸡冠和肉髯呈紫红色，皮肤发绀，抓鸡时可突然抽搐死亡。最典型的临床症状是腹部膨大，腹部皮肤变薄发亮，触诊有明显波动感，穿刺有大量淡黄色透明液体流出，其中可能混有黄色纤维蛋白凝集物。腹水往往发展很快，病鸡常在腹水出现后 1 ～ 3 天内死亡。

## 四、剖检变化

最显著特征的肉眼病变是腹腔内有清亮、稻草色样或淡红色的腹水，100 ～ 500 ml 或更多体积。腹水的数量与病的严重程度及发病日龄有关；腹水内有纤维素性半透明胶冻样物或絮状物。

实质脏器的病变主要表现为：心脏体积增大，右心室、右心房、静脉窦和腔静脉扩张，右心室和全心室的比例显著增大，心肌纤维肿大、变粗、排列紊乱，严重者肌纤维断裂，横纹消失，毛细血管扩张、充血，心外膜水肿性增厚，浆膜下充血、淤血，心包液增多；肺脏呈弥漫性淤血、充血和水肿，肺呼吸性毛细管管壁水肿、增厚，管壁毛细血管狭窄，内有浆液性渗出物，间质血管扩张、充血或淤血、水肿，支气管平滑肌肿大肥厚；肝肿大或皱缩，表面凹凸不平，并常有灰白或淡黄色胶冻样物附着，间质局部结缔组织增生，门静脉、小叶间静脉及中央静脉高度扩张，充满血液，肝细胞肿大，颗粒变性或脂肪变性；胆囊充满胆汁；肾脏肿大淤血，尿酸盐沉着，肾小球体积缩小，肾小管上皮细胞肿大、颗粒变性或空泡变性，病变严重者上皮细胞坏死、崩解，脱落进入肾小管管腔，肾小管淤血、水肿、间隙增宽，肾脏被膜下充血、水肿，结构疏松；肠道及肠黏膜严重淤血，黏膜肿胀，有的有出血点或出血斑，尤其以十二指肠出血较严重，肠管壁增厚；脾脏病变不明显，微肿或略小；胸肌腿肌有不同程度淤血和皮下气肿。

## 五、诊断

根据此病的发病特点可以做出初步诊断，如体质健康、生长发育快的鸡发病率高，公鸡比母鸡发病率高，饲喂高能量、高蛋白质饲料的肉仔鸡比喂常规日粮的肉仔鸡发病率高。结合典型的临床症状、剖检变化一般可以作出诊断。但要注意与其他传染性疾病（大肠杆菌病等）和非传染性疾病（霉菌毒素中毒、维生素 E 和硒营养缺乏症）所引起的腹水症相区别。后者除了形成腹水外，还具有原发性疾病的临床症状及病变特征。

## 六、防治

### （一）预防措施

选育或引进能抗缺氧以及心、肺、肝发育良好的品种；加强鸡舍内的环境管理，科学解决通风与保温之间的矛盾问题，保持鸡舍内空气清新和氧气充足，及时清理粪污，降低有害气体及尘埃浓度，合理控制光照；控制适当的湿度；保持合适的饲养密度，减少人为应激；实行早期合理限饲或用粉料代替颗粒料，或于饲料中添加 0.05% 维生素 C；购买和投喂合格饲料；合理应用药物和消毒剂，以防中毒；实行严格的防疫制度，预防肉鸡呼吸道传染性疾病的发生。

### （二）治疗方法

由于此病的发生通常是多种因素共同作用的结果，需要采取综合性防治措施。治疗主要是对症疗法，如添加维生素 C 和维生素 E、补硒，还可以利用中草药、中成药、利尿药和助消化药。应用注射器抽取腹水，再注射抗生素相结合的疗法可以使部分病鸡康复。有报道称，应用适量的脲酶抑制剂可以明显降低 6 ～ 8 周龄鸡的死亡率。对症疗法对减少发病和死亡有一定帮助，但效果不尽相同。生产上一旦发生此病，实际上多以死亡和淘汰告终，因此本病应以预防为主。

# 主要参考文献

[1] 科学技术部中国农村技术开发中心．蛋鸡高产饲养[M]．北京：中国农业科学技术出版社，2006．

[2] 秦长川．肉鸡饲养技术指南[M]．北京：中国农业大学出版社，2003．

[3] 全国畜牧总站．肉鸡养殖技术百问百答[M]．北京：中国农业出版社，2012．

[4] 张云生，黄苇，侯水生．Z型北京鸭育种进展[R]．第四届中国水禽发展大会会刊，2011．

[5] 樊红平，徐铁山，侯水生．北京鸭、樱桃谷鸭和奥白星鸭生产性能对比试验[J]．黑龙江畜牧兽医，2006（8）：46-47．

[6] 陆桂荣，李志贤．高架饲养肉鸭效益分析[J]．四川畜牧兽医，2001（5）：40．

[7] 王冬雪．不同饲养方式下肉鸭生产性能的比较试验[J]．河北畜牧兽医，2005（6）：5-6．